U0311388

世界遗产在

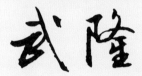

唐亮亮　周涛　陈伟海　著

西南师范大学出版社
国家一级出版社　全国百佳图书出版单位

图书在版编目（CIP）数据

世界遗产在武隆 / 唐亮亮，周涛，陈伟海著. — 重庆：西南师范大学出版社，2021.6
ISBN 978-7-5697-0169-2

Ⅰ. ①世… Ⅱ. ①唐… ②周… ③陈… Ⅲ. ①自然遗产—介绍—武隆区 Ⅳ. ①P942.719.4

中国版本图书馆CIP数据核字（2021）第062806号

世界遗产在武隆
SHIJIE YICHAN ZAI WULONG

唐亮亮 周涛 陈伟海 著

图书策划：段小佳
责任编辑：段小佳
责任校对：杜珍辉
装帧设计：观止堂
排　　版：黄金红
出版发行：西南师范大学出版社
印　　刷：重庆友源印务有限公司
幅面尺寸：140 mm×203 mm
印　　张：7.5
字　　数：153千字
版　　次：2021年6月　第1版
印　　次：2021年6月　第1次印刷
书　　号：ISBN 978-7-5697-0169-2

定　　价：48.00元

武隆区隶属重庆市，位于重庆市东南缘，长江右岸支流乌江下游峡谷区，地处四川盆地东南边缘大娄山、武陵山与贵州高原的过渡地带。县境范围北纬 29° 02′ 00″ −29° 40′ 14″，东经 107° 13′ 16″ −108° 04′ 34″，县域面积 2900 平方千米。境内人口以汉族为主，有土家族、仡佬族、苗族、白族、侗族、回族等少数民族，人口约 40 万。

武隆区森林覆盖率 47%，天然草场 174 万亩，旅游资源丰富，喀斯特景观丰富奇特。世界自然遗产地"武隆喀斯特"融山、水、洞、泉、林、峡于一体，集雄、奇、险、幽、绝于一身，拥有被称为"地下艺术宫殿、洞穴科学博物馆"的芙蓉洞、"世界最大的天生桥群"的天生三桥、国内外首次发现的后坪箐口冲蚀型天坑群、芙蓉江喀斯特峡谷、龙水峡地缝等地质奇观。武隆区境内还有乌江画廊、仙女山高山草场、白马山等地质遗迹和自然景观。

2007 年 6 月 27 日，在新西兰召开的第 31 届世界遗产大会上，"武隆喀斯特"作为"中国南方喀斯特"的重要组成部分，被列入《世界遗产名录》。

武隆喀斯特的申遗成功，对武隆区的社会经济发展具有极其重要的意义，它让长期以来默默地静伏在乌江之畔的武隆真正翻开了自己历史上最辉煌的一页！

世界遗产是人类共同继承的，具有"突出意义和普遍价值"的文化和自然资源，是全人类共同的宝贵财富。大自然用几亿年无比漫长的时间创造出了鬼斧神工的武隆喀斯特景观，并甚为完好地将它们保存并馈赠给了我们。作为有幸开发并直接享用这些珍贵遗产的当代人，我们应当无愧于时代、无愧于祖先，珍爱自然遗产，让全人类和子孙后代永享大自然的恩泽！

编写本书的目的，就是为了提高人们对遗产地的保护意识，使珍贵的世界自然遗产资源世代传承、永续利用。

目　录

出于保护我们遗产的愿望，以及把我们的遗产完好无损地传给子孙后代，1972年联合国教科文组织大会通过了《保护世界文化和自然遗产公约》。为达到这一目的，不仅要求对文化和自然遗产负有保护责任的专家熟知《公约》，更重要的是让全世界每个社区，每个国家的人民了解《公约》，他们才是我们文化和自然遗产的真正保护者。《公约》是他们手中的工具，通过它使我们继承的财产在面临危险时能够得到保护。

　　保护和弘扬我们祖先留下的自然和文化遗产的任务，远不止于简单地保护景观和纪念物。通过保护我们有形的世界遗产，我们还可以保护世界无形的遗产以及伦理道德遗产，而这才是最重要的。当我们进入新千年时，将伦理及人文价值传给儿童和年轻人显得更为迫切，使他们免遭饥荒、战争、环境恶化和尊严丧失之苦。

——前联合国教科文组织总干事　费德里科·马约尔

　　这个埋藏了亿万年的谜底，尘封在来自远古的神秘信函里，现代科学经过多年研究，终于找到了开启的钥匙，于是，一幅亿万年间的地球生态画卷呈现在我们眼前. 徐徐展开的画卷，带着扑面而来的古老烟尘，向我们娓娓讲述着来自远古世界的隐秘讯息。46亿年前的地球样貌之谜，悄然揭开……

第一章

2.5 亿年前，武隆的模样

亿万年之间的变身

如果时光倒流 46 亿年，地球会是什么模样？

这个埋藏了亿万年的谜底，尘封在来自远古的神秘信函里，现代科学经过多年研究，终于找到了开启的钥匙，于是，一幅亿万年间的地球生态画卷呈现在我们眼前：徐徐展开的画卷，带着扑面而来的古老烟尘，向我们娓娓讲述着来自远古世界的隐秘讯息。46 亿年前的地球样貌之谜，悄然揭开……

每过一年，我们都要长大一岁。一年，对我们来说是个不短的时间，但它在地球的历史上，却只不过是微不足道的一瞬。地质学家发现：覆盖在原始地壳上的层层叠叠的岩层，是一部地球几十亿年演变发展留下的"石头大书"，地质学上叫作地层。地层从最古老的地质年代开始，层叠着到达地表。一般来说，先形成的地层在下，后形成的地层在上，越靠近地层上部的岩层形成的年代越短。

地层好比是记录地球年龄的一本书，地层中的岩石和化石就是这本书中的文字。通过现代科学方法对古老岩石的测定，我们得知，地球这本书已经写了 46 亿年了。

尽管地球存在了 46 亿年，但我们已知的最古老的石头却只有 40 亿年，连超过 30 亿年的石头都屈指可数，最早的生物化石则小于 39 亿年。地球史书记录最早生命的几页已经遗失，没有任何确定的记录表明生命真正开始的时刻。那么，我们究竟从何处来，又将往何处去呢？

地球成长之路

透过科学这面镜子，我们看见了地球亿万年前的模样，也清晰地听到了地球成长的脚步声。

依照人类历史划分朝代的方法，地球自形成以来也可以划分为 5 个"代"。从古到今是：太古代、元古代、古生代、中生代和新生代。有些代还进一步划分为若干"纪"，如古生代，从远到近划分为寒武纪、奥陶纪、志留纪、泥盆纪、石炭纪和二叠纪；中生代划分为三叠纪、侏罗纪和白垩纪；新生代划分为第三纪和第四纪。这就是地球历史时期的最粗略的划分，我们称之为"地质年代"，不同的地质年代有不同的特征。

在距今 24 亿年以前的太古代，地球表面已经形成了原始的岩石圈、水圈和大气圈。但这时地壳很不稳定，火山活动频繁，岩浆四处横溢，海洋面积广大，最低等的原始生命开始产生，而陆地上尽是些秃山，这时是铁矿形成的重要时代。

距今24亿—6亿年是元古代，这时地球上大部分仍然被海洋掩盖着。到了晚期，地球上出现了大片陆地。"元古代"的意思，就是原始生物的时代，因为海生藻类和海洋无脊椎动物在这时开始出现。

距今6亿—2.5亿年是古生代。"古生代"，即古老生命的时代。这时，海洋无脊椎动物空前繁盛，海洋中冒出了几千种动物，随着鱼形动物的大批繁殖，一种用鳍爬行的鱼开始出现，它登上陆地，成为了陆上脊椎动物的祖先。两栖类动物和蕨类植物也在这一时期出现了。

恐龙曾经称霸一时的时代，是距今2.5亿—0.7亿年的中生代，历时约1.8亿年。这时，地球是爬行动物的天下，同时还出现了原始的哺乳动物和鸟类。蕨类植物日趋衰落，而被裸子植物所取代，中生代繁茂的植物，后来就变成了我们现在巨大的煤田和油田。

新生代是地球历史上最新的一个阶段，时间最短，距今只有7000万年左右。这时，地球的面貌已同今天的状况基本相似了。新生代被子植物大发展，各种食草、食肉的哺乳动物空前繁盛。

随着自然界生物的大发展，在物竞天择的淘汰中，古猿逐渐演化成了人类。一般认为，人类是第四纪出现的，距今约有240

万年的历史……

我们和我们所居住的地球，就这样，一步一步地一直成长到现在，变成了今天的样子。

自然之神的魔法书

在地球的成长过程中，古生代和中生代之交，是一个重要转折期。2.5亿年前，大陆还是一块一块的，没有连成整体，地球被广阔的海洋覆盖着，是一颗真正的蓝色星球。

那么，现在地球的样子又是怎么形成的呢？

地质学为我们揭开了这个地壳运动的秘密。地壳运动是指由地球内力引起的地壳内部物质缓慢变化的机械运动。它使地球表面海陆发生变化，并使岩层发生变形和变位形成各种的形态。

揭开这个谜底的证据来自地壳运动的原理，地壳运动分为水平运动和升降（垂直）运动。水平运动是指组成地壳的物质沿平行于地球表面方向的运动，这种运动使地壳受到挤压、拉伸或平移甚至旋转。升降运动是指组成地壳的物质沿垂直于地球表面方向的运动，即地壳上升或下降。主要引起海洋和陆地的变化，地势高低的改变。

地壳运动使沉积岩层发生弯曲，产生裂缝、断裂，并留下永久形迹，这样就形成了地质构造。所谓地质构造就是地壳运动引起的岩层变形和变位的形迹（结果）。地壳运动是形成地质构造的原因，地质构造则是地壳运动的结果。

亿万年，时间转瞬中，自然魔法创造出了惊人的地理变迁。在威力无比的造山运动中，我国川东鄂西一带原来沉积在海洋底部厚层的岩石被挤压得弯弯曲曲，像是地球紧紧皱起的眉头。这些在地质学上被称之"褶皱"的地貌，向上凸起的部分叫"背斜"，而向下凹陷的部分叫"向斜"。三峡地区的七曜、巫山和黄陵三段山地背斜，就是形成于距今 7000 万年前的燕山运动中。

这一时期，四川湖南的古金沙江、古雅砻江、古嘉陵江等水流进入四川湖盆，使其水位抬高溢出，沿巫山背斜，经秭归、穿黄陵，一直往东流。

由于河水长年累月的流淌冲刷和侵蚀，河床不断下降。而此时在地壳运动的发展下，山脉也在抬升，当江水下降的速度超过了地壳上升的速度时，坚硬的岩层地区就形成了峡谷。（图1-1）

多次强烈的造山运动引起的海陆变迁，最终造就了长江三峡地区丰富奇特的地形地貌。

然而，自然之神并没有因此罢休，在长江三峡地区新近纪晚期以来的 260 万年中，它又用魔法之手塑造出了一个神奇的地理现象——同一片大地内部，有峡谷，有洞穴，有伏流，还有竖井和天坑。这片神秘的大地就是位于贵州高原与四川盆地过渡地带、长江南岸支流乌江下游峡谷区的武隆。

NW ←

I

新近纪初准平原化地面 Surface of peneplain in Early Neogene

至新近纪初，经过长期剥蚀夷平形成准平原面，地表波状起伏，水系稀疏，切割浅
Up to Early Neogene, surface of peneplain formed after long erosion and planation
the surface drainage system was sparse and the river incised shallow

II

高原期夷平面
Planation Surface
in Plateau Phase

山原期剥蚀面
Denudation plane in Hilly Plateau Phase

上新世晚期，高原期残存面抬升为夷平面，地表为峰丛挂地。山原期准平原化地面，乌江等现代地表水系形成，河谷宽浅
In late Pliocene, relic surface in Plateau Phase was uplifted to be planation, cone karst developed. Active surface drainage
system with shallow and wide valley including peneplain surface in Plateau Mountain Stage and Wujiang River formed.

III

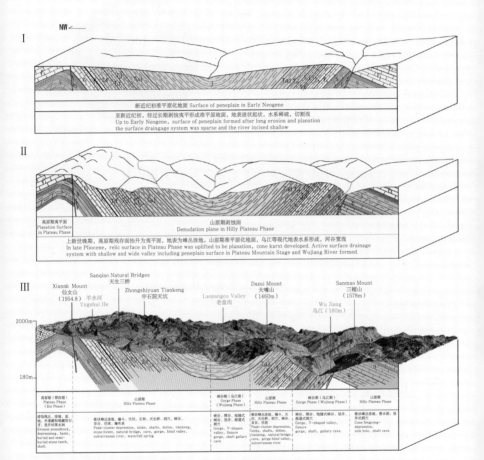

Sanqiao Natural Bridges
天生三桥

Xiannü Mount
仙女山
(1954.8)   羊水河
Yngshui He

Zhongshiyuan Tiankeng
中石院天坑

Dazui Mount
大嘴山
(1460m)

Laopangou Valley
老盘沟

Sanmao Mount
三帽山
(1578m)

Wu Jiang（180m）
乌江（180m）

2000m

180m

高原期（鄂西期） Plateau Phase （Exi Phase）	山原期 Hilly Plateau Phase	峡谷期（乌江期） Gorge Phase （Wujiang Phase）	山原期 Hilly Plateau Phase	峡谷期（乌江期） Gorge Phase（Wujiang Phase）	山原期 Hilly Plateau Phase
剥蚀残丘、挂地、盆地、半埋藏和埋藏石芽、平、装开状残留水剥 Erosion monadnock, depressing, basin, buried and semi-buried stone teeth, shaft.	峰丛峰丛连洼地、漏斗、天坑、天坑、石林、天生桥、洞穴、峡谷、盲谷、伏流、瀑布泉 Peak-cluster depression, sinks, shafts, doline, tiankeng, stone forest, natural bridge, cave, gorge, blind valley, subterranean river, waterfall spring	峡谷、漏谷、地缝式峡谷、裂开式、 盲谷、伏流 Gorge, V-shapes valley, fissure gorge, shaft gallary cave.	峰丛峰丛洼地、漏斗、天坑、天生桥、洞穴、峡谷、盲谷、地缝式裂开冽 Peak-cluster depression, sinks, shafts, doline, tiankeng, natural bridge, cave, gorge blind valley, subterranean river	峡谷、漏谷、地缝式峡谷、裂开、面缝式剥冽 Gorge, V-shaped valley, fissure gorge, shaft, gallary cave.	峰状峰丛洼地、落水剥、裂开状剥穴 Cone fengcong-depression, sink hole, shaft cave.

图 1-1 武隆喀斯特地貌演化图

地球数据

地球是太阳系八大行星之一，按离太阳由近及远的次序是第三颗，位于水星和金星之后；在八大行星中大小排行是第五。Earth 一词来自古英语及日耳曼语。在罗马神话中，地球女神叫 Tellus——肥沃的土地（希腊语：Gaia，大地母亲）。地球是目前唯一一个存在已知生命体的星球。

地球公转周期：约 365 天。

地球回归年长度：365.2422 天。

地球公转轨道：呈椭圆形。7 月初为远日点，1 月初为近日点。

地球自转周期：恒星日为 23 小时 56 分 04 秒。太阳日为 24 小时。

地球自转方向：自西向东。

地球黄赤交角：黄道面与赤道面的交角为 23°26′。

地球极半径：是从地心到北极或南极的距离，大约 3950 英里（6356.8 千米）（两极的差极小，可以忽略）。

地球赤道半径：是从地心到赤道的距离，大约 3963 英里（6378.1 千米）。

地球平均半径：大约 3959 英里（6371 千米）。这个数字是地心到地球表面所有各点距离的平均值。

地球体积：1.0832073×10^{12} 立方千米。

地球质量：5.9742×10^{21} 吨。

地球平均密度：5.515 克/厘米^3。

地球表面积：5.1 亿平方千米。

地球海洋面积：3.617453 亿平方千米。

地球大气主要成分：氮（78%）、氧（21%）和二氧化碳等其他物质（1%）。

地球地壳主要成分：氧（47%）、硅（28%）和铝（8%）。

地球表面大气压：1013.250 毫帕或 760 毫米汞柱。

地球表面重力加速度：9.8 米/秒^2。

地球卫星（天然）：1 颗（月球）。

武隆的前世今生

难以回溯的最初样貌

神秘的武隆、神奇的武隆喀斯特，在绵延亿万年的地球这本大书上，写下了属于自己的一段记忆。

武隆，我国南方喀斯特地区最著名的自然现象和重要的美学价值区，集形态多样的喀斯特峡谷、最典型的冲蚀型天坑群、世界级规模的天生桥群、亚洲最深的竖井、科学价值和美学价值最高的洞穴等喀斯特现象于一体。

武隆喀斯特，作为"中国南方喀斯特"系列世界自然遗产的一部分，除了有着丰富奇特的景观组合，还反映了长江三峡地区新近纪晚期以来喀斯特发育与地球演化历史的地质背景，是峡谷喀斯特的典型代表。（图1-2）

众所周知，喀斯特峰林和峰丛地貌的发育以及大型洞穴与地下河的形成，与地壳运动有着密切关系。所以，长江三峡地区第四纪以来地壳的大幅度抬升运动及其基本性质，也反映着武隆喀斯特的发育进程。

关于长江三峡及其邻近地区新生代以来的地貌发展与演变史，我国学者从沉积学、构造学、考古学、地貌学等多学科进行了广泛的对比研究，初步确定了众所周知的三大地貌演化阶段或称地文期，即鄂西期（完成于白垩纪末）、山原期（古近纪和新近纪）和峡谷期（第四纪）。

峡谷期地貌特征鲜明，山原期地貌清晰可辨，但鄂西期地貌特征却相当模糊，尤其是在喀斯特地貌方面，在裸露条件下70百万年—60百万年或更长的时间里究竟是什么模样，恐怕很难予以确切识别了。

图 1-2 芙蓉江峡谷

因此，发育于第四纪期间的峡谷地貌，才是我们对武隆前世模样的最初记忆。在第四纪期间，虽然古气候有过冷暖交替，但未曾受到第四纪大冰盖的作用，所以新近纪以来（甚至更古老）所形成的喀斯特形态都得以完好保存。地表和地下喀斯特的长期协同作用，加上第四纪时的新构造抬升，使武隆喀斯特地质遗迹的体量更巨大、形态发育更完美。

喀斯特峡谷的形成，首先，需要有利的气候与水文条件，充沛并长年不竭的地面河道径流和侵蚀力；其次，是地表深切和地表地下统一排水基准面的长期大幅度下降，为喀斯特峡谷的纵深发展创造强劲的水动力条件；此外，还需要在喀斯特峡谷的形成时期，水流的侵蚀切割速度与区域排水基准面的下降速度基本保持一致，否则河道水流便会在河床中寻机潜入地下，地表连续性深切峡谷的形成作用将因此受到削弱以至终止。

长江三峡是举世闻名的第四纪大幅度抬升区，在这种地貌和地质构造背景下，极易造成地表深切和排水基准面的大幅度下降，地下河为了适应排泄基准面下降而不断下切，形成厚度很大的包气带，武隆喀斯特峡谷便由此而生。

可以说，无论长江三峡与武隆，或者长江三峡地貌与武隆喀斯特，都是在岁月长河中相互依存、相互影响、相互作用的一个整体。

从前世到今生的地质传奇

武隆喀斯特亿万年漫长而复杂的地理演化，是一部真正的地质传奇。武隆丰富多样的喀斯特地貌，更称得上是一部喀斯特的地理教科书。

武隆喀斯特由芙蓉洞芙蓉江、天生三桥和后坪冲蚀天坑三个系统构成，分别位于武隆区的东南部、中北部和东北部。（图1-3）这三个系统分别发育于寒武系、奥陶系及二叠—下三叠统碳酸盐岩地层中，是在地壳大幅度间歇性抬升、河谷深切、排水基准面

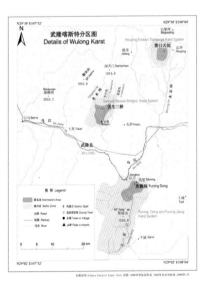

图1-3 武隆喀斯特分区图

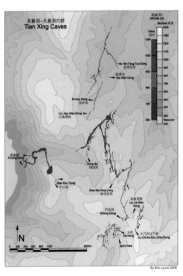

图1-4 芙蓉洞－天星竖井洞穴群分布图

下降、含水层包气带不断增厚的宏观机制引导下，以及不同水文地质与地貌条件下发育形成的，综合形态迥异的峡谷喀斯特系统。它以峡谷、洞穴、伏流、竖井、天坑等形式，生动地记录和表现了地球发展这一阶段地壳抬升的具体特征和喀斯特发育演变的过程，代表了长江三峡地区新近纪晚期以来地球历史演化的典型事例。

而这三个系统所展现的不同样貌，也清晰勾勒出了武隆前世今生里的变化轨迹。

在芙蓉江右岸发育有百余个竖井和洞穴，分布在岸顶、岸坡和岸边，由垂向竖井、横向洞穴和现代地下水道组成，洞口分布标高180～1234米，高差千余米。（图1-4）

尽管洞口标高不一样，但是，它们的竖向洞道向横向洞道转换的海拔标高呈现高度的一致性。以标高450～500米为度，以上的竖井多以连续数百米（700米）的竖向洞道为主；以下的洞穴，则横向与垂向通道交替发育，以横向洞道占优势，但总体上横向洞穴发育并不成熟。生动证明长江三峡地区新近纪晚期的地壳抬升运动，前期为快速抬升，中期具震荡性质，近代又趋于快速抬升的鲜明特性。

天生三桥喀斯特系统，以峡谷、伏流、洞穴、天生桥、成熟型天坑等多种喀斯特组合，记录其形成、演化历史。（图1-5）

上游现代落水洞、羊水峡干谷、白果伏流和龙水峡的形成、

图1-5 天生三桥——古驿站

天坑和天生桥的形成、现代河谷持续深切、地下水不断溯源侵蚀、落水洞向源头区后退、地表地下水流多次改变方向以至乌江最终对天生三桥水系的袭夺等等，构成一幅幅喀斯特峡谷演化和转化的生动画卷，展现了第四纪以来峡谷喀斯特地貌系统的形成演化过程。

后坪冲蚀天坑喀斯特系统，生动地反映了第四纪地壳抬升、河谷下切和天坑深度不断增加的过程与特征。（图1-6）

图 1-6 后坪天坑——箐口天坑俯视

地壳抬升、峡谷向纵深发展，为包气带厚度增加和外源水流入含水层，并导致冲蚀型天坑与洞穴地下河系统的形成创造了条件。

三个喀斯特系统现代地下河（芙蓉江水面附近的四方洞、干矸洞，羊水河猴子坨至乌江边老龙洞伏流，后坪箐口—麻湾洞泉等）发育一致的不成熟性，还说明最新阶段地壳抬升运动正处于相对快速的过程中。

正因为如此，武隆亿万年的变迁，既是地球演化历史的杰出范例，更是地球成长的生命记录！

 延伸阅读

《水经注》中的三峡

【原文】自三峡七百里中，两岸连山，略无阙处。重岩叠嶂，隐天蔽日。自非亭午夜分，不见曦月。至于夏水襄陵，沿溯阻绝。或王命急宣，有时朝发白帝，暮到江陵，其间千二百里，虽乘奔御风，不以疾也。春冬之时，则素湍绿潭，回清倒影。绝巘多生怪柏，悬泉瀑布，飞漱其间。清荣峻茂，良多趣味。每至晴初霜旦，林寒涧肃，常有高猿长啸，属引凄异，空谷传响，哀转久绝。故渔者歌曰："巴东三峡巫峡长，猿鸣三声泪沾裳。"

【译文】在七百里的三峡中，两岸群山连绵，没有一点儿空缺的地方。重重叠叠的岩峰像屏障一样，遮盖住了天空和太阳。除非正午看不见太阳，除非半夜看不见月亮。到了夏天，江水暴涨，漫上了两岸的山陵，顺流而下逆流而上的船只都被阻隔断了。如有皇帝的命令要紧急传达，有时早晨从白帝城出发，傍晚就到了江陵。这中间有一千二百多里，即使骑着奔驰的快马，驾着风，也不如船行得快。到了春、冬两季时，白色的激流回旋着清波，碧绿的深水，映出了山石林木的倒影。极高的山峰上生长着许多奇形怪状的古柏，悬挂着的泉水瀑布，从它们中间飞泻冲荡下来。水清，树荣，山高，草茂，实在有很多乐趣。

每到秋雨初晴，降霜的早晨，树林山涧一片清冷寂静。经常有高处的猿猴拉长声音在叫，叫声连续不断，音调凄凉怪异，空荡的山谷里传来回声，悲哀婉转，很长时间才消失。所以打鱼的人唱道："巴东三峡巫峡长，猿鸣三声泪沾裳。"

对喀斯特的了解越深，越发现对它的无知，这亿万年孕育出的奇幻地貌，究竟还有多少秘密在等待着我们开启？

第二章

喀斯特，自然的海天吟唱

始于南斯拉夫旷美高原

奇幻的喀斯特地貌，是自然在亿万年间从混沌到有序、从海洋到陆地，吟唱出的最美旋律。

喀斯特最早的一个音叫作 Kras，来自远隔重洋的南斯拉夫。Kras 原是南斯拉夫西北部伊斯的利亚半岛的石灰岩高原的地名，那里岩石裸露，洞穴和地下河复杂多样，当地称之为 Kars，意思是"石头山"或"裸露的岩石"。（图 2-1）

19 世纪末，南斯拉夫学者司威杰（J.Cviji C）首先对该地区进行研究，并借用 Kras 一词作为石灰岩地区一系列作用过程的现象的总称。由于早期研究这类景观的论文多用德文来书写，后来就用德语 Karst 来命名这类地貌现象，并成为全世界通用的术语，音译为"喀斯特"。（图 2-2）

1966 年，我国第二次喀斯特学术会议建议将"喀斯特"一词改为"岩溶"。岩溶是岩溶作用和岩溶地貌的总称，由于岩溶地貌在石灰岩地层中分布最广、发育最典型，所以，喀斯特地貌亦

图 2-1 斯洛文尼亚 Kras 台地 1

图 2-2 斯洛文尼亚 Kras 台地 2

称岩溶地貌，有的教科书上还称之为石灰岩地形。在我国，"喀斯特"和"岩溶"可以通用。

滴水穿石的秘密

"水滴石穿"这个成语无人不晓。因为大人们总用这个成语劝导孩子们做事要持之以恒，点点滴滴的努力累积起来，就会出现奇迹。

这个成语出自宋朝罗大经的《鹤林玉露》一书，说的是一个守库的人，偷了一枚钱，县官拷打他，他不服：一枚小钱有什么了不起。县官挥笔写下判词："一日一钱，千日千钱，绳锯木断，水滴石穿。"

从这个成语的出处和用法可以看出，人们以为水滴石穿是一个机械的过程。水从高处落下的力量，对石头不断地造成侵蚀，日积月累，就把石头给滴穿了。这种看法其实是很片面的。

因为水滴石穿也分情况，如果水滴落在非石灰岩的岩石上，这种理解是对的，但如果水滴到了石灰岩上，这种理解就不对了。

我们知道，石灰岩在地表上分布很广，在我国，裸露石灰岩的面积占地表的四分之一，因此水滴到石灰岩上应是很普遍的一种现象，这时"水滴石穿"就不仅仅是机械的物理过程，而且还会发生化学变化。水吸收和溶解了空气中的二氧化碳，变成了碳酸水，碳酸水与石灰岩（含碳酸钙）发生反应，生成了新的物质。水滴不断地滴下来，也就不断地溶蚀石灰岩，并把溶蚀的物质冲走。这个过程称之为喀斯特作用。这个过程持续不断，石头就被"磨"穿了。

因此，"水滴石穿"中的水很多情况下是滴到石灰岩上，所以滴水穿石的过程首先是化学的喀斯特过程，其次是水磨石头的物理过程。

化学反应的进行速度比机械的磨蚀要快多了。河流切割山脉，除了机械的物理的冲刷、磨蚀、揭刮等作用外，也有许多情况是发生了喀斯特的化学反应，即碳酸水溶解石灰岩。长江三峡地区就是一个石灰岩地区，长江切出一个三峡来，仅靠水流的物理的机械的冲刷和磨蚀作用，恐怕四川盆地现在还是泽国。就是因为发生了喀斯特作用，水流才把山切穿了，让四川盆地的众多水系有了一个出口，夺路而出，形成三峡。

滴水穿石的奥秘，其实说穿了就是喀斯特的作用。

是偶然，不是必然

喀斯特地貌的形成需要自然条件与地理特征相互配合，它的出现，是偶然，不是必然。不是每一个地方都能出现喀斯特地貌，因其形成的困难，所以喀斯特地貌在今天才会成为世界奇观。

首先，可溶性岩石是喀斯特地貌形成的根本条件，如果没有可溶性岩石，就不可能产生喀斯特地貌。而可溶性岩石分为三类：碳酸盐类岩石（石灰岩、白云岩、泥灰岩等）、硫酸盐类岩石（石膏、硬石膏和芒硝）、卤盐类岩石（钾、钠、镁盐岩石等）。我国西南地区之所以喀斯特地貌分布广泛，就是由于这里有其发育的主体。大量的碳酸盐岩、硫酸盐岩和卤化盐岩在流水的不断溶蚀作用下，在地表和地下形成了各种奇特的喀斯特景观。

其次，要形成喀斯特地貌还需要岩石具有一定的孔隙和裂隙，它们是流动水下渗的主要渠道。岩石裂隙越大，岩石的透水性越强，岩溶作用越显著。在溶洞中，岩溶作用愈强烈，溶洞越大，地下管道越多，喀斯特地貌发育越完整，并且形成一个不断扩大的循环网。

水的流动也是喀斯特地貌形成的条件之一。为什么？这是因为水中的二氧化碳需要得到及时的补充，水的溶蚀作用才能顺利进行，水的溶蚀能力才得以巩固加强。同时，流动的水带动河底砂砾对岩石进行机械侵蚀，这样更有利于岩溶作用的深入。

水的溶蚀能力来源于二氧化碳与水结合形成的碳酸，二氧化碳是喀斯特地貌形成的功臣，水中的二氧化碳主要来自大气流动、有机物在水中的腐蚀和矿物风化。

看似简单的化学反应在大自然间却是十分复杂的过程，因为温度、气压、生物、土壤等许多自然条件制约着反应的进行，并且这些反应都是可逆的，水中的二氧化碳增多，就有利于碳酸钙的分解，岩溶作用进行就比较容易，反之则不利于岩溶作用。

因此，我们可以说，在多种条件的制约下，喀斯特地貌的形成是一种巧合。

 延伸阅读

以喀斯特洞穴为主的世界自然遗产

在世界自然遗产和文化遗产名录中，我们可以轻松找出许多与喀斯特相关的景观，其中以喀斯特洞穴本身为遗产主体的世界自然遗产地就包括：美国猛犸洞和卡尔斯巴德洞、斯洛文尼亚的什科茨扬洞穴、澳大利亚的纳拉库特洞。

猛犸洞：猛犸洞（Mammoth Cave）位于美国肯塔基州中部的猛犸洞国家公园，是世界自然遗产之一，猛犸洞以古时候长毛巨象猛犸命名。截至2006年，这个"巨无霸"洞穴已探出的长度近600千米，究竟有多长，至今仍在探索。

200 多年来，探险家前赴后继，他们的探索精神已被镂刻在猛犸洞每一千米的发现史上。

卡尔斯巴德洞：位于美国新墨西哥州的卡尔斯巴德洞国家公园内，周边地区共拥有 81 个洞穴。其中，以卡尔斯巴德洞的沉积物最丰，还有巨大的地下厅堂和百万只穴居蝙蝠。每天傍晚，成千上万的蝙蝠齐齐出洞，霎时间，天昏地暗，景象蔚为壮观，成为该洞的一大奇观。卡尔斯巴德洞附近还有长度在美国排名第三的列楚基耶洞，因为其洞内悬挂着各式怪异的结晶，也被看作世界上钟乳石类最丰富和最美妙的洞穴之一。

什科茨扬洞穴群：位于斯洛文尼亚，于 1986 年被列为世界自然遗产地，以什科茨扬洞为主要洞穴，位于著名的喀斯特台地的东南面。什科茨扬洞中拥有高约 148 米的地下峡谷，是世界最深的地下峡谷之一。

纳拉库特洞：位于南澳大利亚州东南部，以拥有大量的化石沉积而著名，是世界上仅有的四个拥有大量化石沉积的地方之一。在这里发现了大量保存完好的动物化石（冰河纪巨型动物以及近代生物等），它们代表了澳大利亚珍稀动物群的各个进化阶段，为我们了解地球历史特别是从中更新世到现在（53 万年前到今天）这一重要时期打开了一扇窗。

以喀斯特景观为主体的世界自然遗产

克罗地亚的普里特维采湖群国家公园，中国的九寨沟风景区、黄龙沟风景区等，它们皆以灰华坝所形成的湖泊（水池）和众多的灰华坝瀑布为风景主体。

越南的下龙湾以被海水淹没的石灰岩峰林为主要特征，在1500平方千米海面上耸立约1600个石峰（岛屿），一般高出水面100～200米，最低的仅5～10米。

古巴的德桑巴尔科国家公园表征热带海岸的喀斯特景观及其正在进行的喀斯特地质过程。

菲律宾的普林塞萨港地下河国家公园，既有典型的地表喀斯特形态，又有直接流入海中、与潮汐关系密切的地下河。

墨西哥尤卡坦半岛的锡安卡恩生物保护区的特征地貌是有许多落水洞，当地称为"cenote"，意为"天成"。

非洲马达加斯加的贝马拉哈国家公园由剑状石灰岩石峰、巨大的河流峡谷等喀斯特景观组成，马南布卢河的峡谷从北向南延展几十千米，两岸陡崖高300~400米。

保加利亚的皮林国家公园部分地段有石灰岩、大理岩分布，形成多种自然景观，有洞穴、瀑布、湖泊、冰斗等，并有许多珍稀植物。

马来西亚的古那穆鲁于 1975 年建国家公园，是世界上热带地区被研究得最多的喀斯特区，2001 年被列为世界自然遗产地。古那穆鲁国家公园面积 544 平方千米，这里位于湿润的热带地区，年降雨量达到 5000 ~ 10000 毫米，喀斯特作用非常强烈，有众多的洞穴，地表石林亦甚为奇特。已探查过的洞穴通道总长在 295 千米以上，最有名的是鹿洞，洞内有世界上最大的厅堂——沙捞越大厅，长 600 米，宽 415 米，穹形洞顶高 90 米，面积 16.2 万平方米，容积 12 万立方米。鹿洞洞道规模也很大，有长达 1000 米，高和宽约 100 米的洞道，一向被认为是世界最大的洞穴通道。

阿格泰列克洞穴和斯洛伐克喀斯特岩洞位于匈牙利和斯洛伐克交界处，在近 200 平方千米范围内有 712 个洞穴，组成典型的温带喀斯特系统，对研究近几千年的地质变化史有重要意义，最有名的洞穴是巴拉德拉—多米卡洞穴群，其系统为地下河系统，长 21 千米，横跨匈牙利和斯洛伐克国境，洞中的石笋高达 32.7 米。

土耳其东南部希拉波利斯和帕姆卡莱是世界自然文化遗产地，主要景观为 20 米高的泉华陡崖和瀑布，沿山边分布，最高处高出平原面 200 米，延伸长度 6 千米。

澳大利亚大堡礁、中美洲伯利兹海岩的堡礁保护系统是以珊瑚礁为主的自然遗产地。

喀斯特的复杂与神秘不仅在于它形成的困难，它有趣的分类与多样的地貌类型也是我们急于探询它的原因。

根据不同分类原则，喀斯特可以划分出许多不同的类型。按出露条件分为：裸露型喀斯特、覆盖型喀斯特、埋藏型喀斯特。按气候带分为：热带喀斯特、亚热带喀斯特、温带喀斯特、寒带喀斯特、干旱区喀斯特。按海拔分为：高山喀斯特、高原喀斯特、海岸喀斯特、海底喀斯特。按岩性分为：石灰岩喀斯特、白云岩喀斯特、石膏喀斯特、盐喀斯特。按发育程度分为：全喀斯特、半喀斯特或流水喀斯特。按水文特征分为：充气带喀斯特、浅饱水带喀斯特、深部喀斯特。按形成时期分为：化石喀斯特、古喀斯特、现代喀斯特等。还有生物喀斯特等。

以上，是真正的喀斯特，而喀斯特作用以外由其他不同原因而产生的形态上类似喀斯特的现象，被统称为假喀斯特，包括碎屑喀斯特（砾岩、角砾岩、砂岩）、黄土和黏土喀斯特、热融喀斯特和火山岩区的熔岩喀斯特等。它们不是由可溶性岩石所构成，只是披着喀斯特的外衣，在本质上并不同于喀斯特。

我们前面讲到过，喀斯特地貌形成的最重要的条件就是可溶性岩石。因此，喀斯特地貌的分布，与世界各地的可溶性岩石地区紧密相关，而其中又在碳酸盐岩地层分布区最为广泛，该区岩石突露、奇峰林立，常见的地表喀斯特地貌有石芽、石林、峰林、喀斯特丘陵等喀斯特正地形和溶沟、落水洞、盲谷、干谷、喀斯特洼地（包括漏斗、喀斯特盆地）等喀斯特负地形；地下喀斯特地貌有溶洞、地下河、地下湖等；与地表和地下密切关联的喀斯特地貌有竖井、芽洞、天生桥等。那么，这些听上去名称奇奇怪怪的喀斯特又各有什么特点呢？

石芽和溶沟　水沿可溶性岩石的节理、裂隙进行溶蚀和冲蚀所形成的沟槽间突起与沟槽形态，是喀斯特地区山坡上和盆地里常见的一种凹凸不平的地形。水的溶蚀和冲蚀，以及植物的作用，使岩石层面和节理处形成的微小的沟槽，以及加深扩大的沟、小盆、斗和不规则坑等，统称为溶痕。溶痕加深成为沟槽形态，称溶沟；沟槽间的突起称石芽。溶沟宽10余厘米至2米，深数厘米至3米，长度不超过深度5倍者为溶沟，大于5倍者为溶槽，其底部往往被土及碎石所充填。被溶沟分割残存的、高度不超过3米的石芽，常分布在斜坡上。当石芽全被溶蚀残余堆积物——红土所掩埋，则称为埋藏石芽。（图2-4）

图 2-3 斯洛文尼亚 Kras 台地 3

石林 高温多雨的热带气候条件下，厚层质纯的碳酸盐岩地层中发育的形体高大的沟间耸岩。目前，多数学者认为它是热带石芽的一种特殊形态。石林之间有很深的溶沟，沟坡垂直，坡壁上有平行垂直凹槽，以中国云南的路南石林最为典型，相对高度一般 20 米左右，大者达 50 米。在有些喀斯特盆地和喀斯特高原上，满布的石芽和溶沟使地表崎岖不平，称为溶沟原野。（图 2-5）

落水洞 流水沿裂隙进行溶蚀、机械侵蚀以及塌陷形成的近于垂直的洞穴（图 2-6）。它是地表水流入喀斯特含水层和地下河的主要通道，分布于喀斯特洼地的底部，也有分布在斜坡上的。其形态不一，深度可超过 100 米，直径很少超过 10 米。中国各地对落水洞的称谓有无底洞、消水洞、消洞等名称。落水洞进一步向下发育，形成井壁很陡、近于垂直的井状管道，称为竖井，又称天然井。

干谷和盲谷 喀斯特地区干涸的河谷和没有出口的地表河谷。干谷又称死谷，其底部较平坦，常覆盖有松散堆积物，沿干河床有漏斗、落水洞成群地作串球状分布，往往成为寻找地下河的重要标志。干谷的成因很多，中国南方的一些喀斯特谷地，或因地下水位下降、地表水下渗，使原来的喀斯特谷地成为干谷，或因地表曲流段被地下河袭夺，地表留下弯曲的干谷。中国北方喀斯特地区一些河谷，在洪水季节是地表河，在枯水季节则成为干谷。

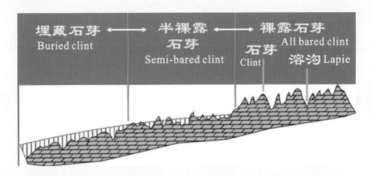

图 2-4 石芽和溶沟

图 2-5 石林

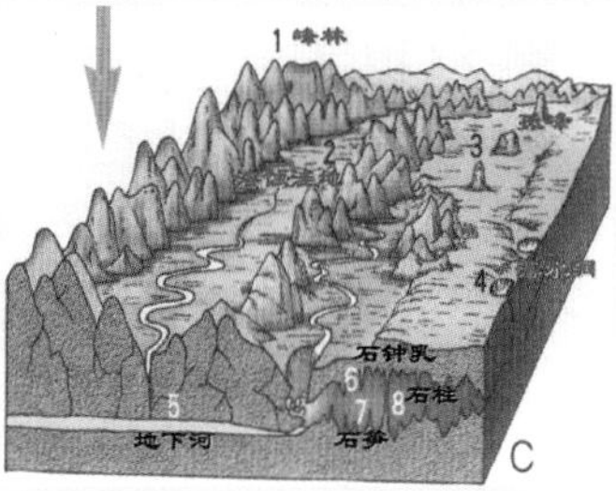

图 2-6 落水洞

　　喀斯特地区的地表河下游消失于落水洞或溶洞中，成为无出口的河谷，即盲谷，又称断尾河。常发育于地下水水力坡降变陡处，是地下河袭夺地表河所致。在地表水没入落水洞的上方为一陡壁，由喀斯特陡壁下流出的喀斯特泉或地下河，在地表出露形成的河流，称为断头河。

　　喀斯特丘陵　　由喀斯特作用形成的起伏不大的石灰岩丘陵。

相对高差通常在 100 ~ 150 米左右，坡度不如峰林陡，小于 45°，已不具峰林形态。它与喀斯特洼地组合成亚热带喀斯特区的主要类型，以中国黔北、鄂西、川东为典型。若在新构造运动上升区，河流强烈下切，侵蚀作用加强，丘陵、峰丛、峰林会被切割成为陡峻的喀斯特山地。这些山地的相对高差可超过数百米，顶部和上部喀斯特形态显著，半山腰则多出现悬挂泉水或暗河出口的洞流，山坡上石芽裸露，山体下部侵蚀作用显著，有喀斯特悬谷分布。

对喀斯特的了解越深，越发现对它的无知，这亿万年孕育出的奇幻地貌，究竟还有多少秘密等待着我们？

 延伸阅读

国际岩溶研究中心

国际岩溶研究中心是联合国教科文组织在地球科学领域首次设立的国际研究中心。中心建立在中国广西桂林。在武隆设立有武隆岩溶研究基地。

岩溶是一种独特的地质过程。水对可溶性碳酸盐岩的化学溶蚀，导致复杂多样的岩溶地貌和脆弱的生态环境的形成，并产生石漠化和岩溶塌陷等多种类型的地质灾害。全世界各大陆岩溶面积总计达2200万平方千米。岩溶地区因脆弱的生态系统、恶劣的生存环境和欠发达的经济状况，成为全球最贫穷的地区，引起了中国、美国、俄罗斯等40多个岩溶发育国家的密切关注。

中国是一个岩溶大国，碳酸盐岩面积达344万平方千米，占国土面积1/3以上。我国岩溶地区分布面积广泛，发育完好，类型多样，在国际上具有典型范例。自1990年以来，中国地质科学院岩溶地质研究所已成功实施3个国际岩溶对比计划项目，发展了岩溶动力学理论，在岩溶形成、碳循环、岩溶生态和水资源等领域为国际岩溶学术界解决岩溶地区的资源环境问题作出了贡献。他们将地球系统科学思想引入现代岩溶学，建立岩溶动力学理论，得到国际岩溶学术界的认可，推动了国际岩溶学科的发展。

中国南方喀斯特是中国政府 2006 年申报世界自然遗产的唯一项目，并于 2007 年 6 月 27 日在第 31 届世界遗产大会上被评选为世界自然遗产，并获得全票通过。

"中国南方喀斯特"是中国政府向世界遗产委员会提出的世界自然遗产地的总名称。第一期遗产地包括石林喀斯特、荔波喀斯特和武隆喀斯特，分别为石林喀斯特、锥状喀斯特和峡谷喀斯特的典型代表。第二期遗产地包括金佛山喀斯特、施秉喀斯特、环江喀斯特、桂林喀斯特，分别为台原喀斯特、白云岩喀斯特、锥状喀斯特和塔状喀斯特中的典范。遗产地面积 885 平方千米，缓冲区面积 1761 平方千米，总面积 2646 平方千米。

从热带到寒带、由大陆到海岛，世界各地都有喀斯特地貌。越南北部，南斯拉夫狄那里克阿尔卑斯山区，意大利和奥地利交界的阿尔卑斯山区，法国中央高原，俄罗斯乌拉尔山，澳大利亚南部，美国肯塔基和印第安纳州，古巴及牙买加等地，都分布着大大小小的喀斯特地貌（图 3-9）。而幅员辽阔的中国，更为喀斯特地貌提供了宽广的生长空间，我国的喀斯特地貌分布广、面积大，称得上世界之最。

第三章

奇丽的中国南方喀斯特

徐霞客看过的风景

我国对喀斯特地貌研究历史悠久，远在 2000 多年前的《山海经》中就有"伏流"的记载。

西汉时，我国就已经有了表示峰丛石山的地图——长沙马王堆三号汉墓出土的《地形图》，这是世界上最早的地表岩溶地貌图。此后南北朝时期王韶之的《始兴记》、郑缉之的《东阳记》、郦道元的《水经注》、盛弘之的《荆州记》，以及宋朝范成大的《桂海虞衡志》等中都有关于地表岩溶地貌的记载。

但最为系统全面的喀斯特记述，还是在距今 300 多年前。明代著名地理学家徐弘祖在其著作《徐霞客游记》中详尽记述了中国古代喀斯特地区的类型分布和各地区间的差异，尤其是喀斯特洞穴的特征、类型及成因。

《徐霞客游记》中记载的岩溶地貌多达 22 项，现代地学所说的岩溶地貌已经百分之百包括在内，不仅记载全面，而且对各种岩溶地貌一般都有独立的名称和具体的描述，有时还涉及成因的探索。

我国最早记述洞穴情况的著作是春秋战国时代的《五藏山经》。此后，汉代的《神龙本草经》，三国时期吴普的《吴氏本草》、顾启期的《娄地记》，南北朝盛弘之的《荆州记》、郦道元的《水经注》，唐代莫休符的《桂林风土记》，宋代范成大的《桂海虞衡志·志岩洞》、周去非的《岭外代答》、王象之的《舆地纪胜》、罗大经的《鹤林玉露·南中岩洞》等等中，都有关于洞穴或其堆积物的记载。明代正德年间李贤等编纂的《大明一统志》中收集了全国95个州府的372个洞穴名称，详细描述的有131个，可以说是我国古代洞穴资料之集大成者。

《徐霞客游记》中共记载洞穴357个，虽然在数量上比《大明一统志》略少，但具体内容更为丰富。徐霞客仅在中国广西、贵州、云南3省区，就亲自探查过270多个洞穴。《徐霞客游记》中对这些洞穴一般都有方向、高度、宽度和深度的具体记载。他甚至做出了一些岩洞是水的机械侵蚀造成，钟乳石是含钙质的水滴蒸发后逐渐凝聚而成的论述。

徐霞客关于岩溶地貌的论述远远早于西方学者，且论述的内容也比西方19世纪以前的同类学者更为丰富全面。19世纪以前，西方只有少数研究者对局部岩溶区域和某些岩溶现象做过观察和解释，内容零散，对岩溶的成因和地理分布等都没有清晰的概念。徐霞客却在17世纪30年代已经对热带、亚热带的岩溶现象做了大范围的相对系统的考察和描述，并对岩溶现象的成因和地理分布提出了一些科学的观点。

　　徐霞客在我国西南热带、亚热带岩溶发达的地区考察了3年，该地区碳酸盐岩连续分布面积达50万平方千米，居世界之最。他踏遍千山看过的风景在几百年后，成为全世界的珍贵遗产，这是徐霞客不可能想到的！

 延伸阅读

《徐霞客游记》的地理学成就

　　《徐霞客游记》是以日记体为主的中国地理名著。明末徐弘祖经30多年旅行，写有天台山、雁荡山、黄山、庐山等名山游记17篇和《浙游日记》《江右游日记》《楚游日记》《粤西游日记》《黔游日记》《滇游日记》等著作，除佚散者外，遗有60余万字游记资料。死后由他人整理成《徐霞客游记》。世传本有10卷、12卷、20卷等数种。主要按日记述作者1613—1639年间旅行观察所得，对地理、水文、地质、植物等现象，均做详细记录，在地理学和文学上卓有成就。

　　在地理学上的重要成就有：（1）喀斯特地区的类型分

布和各地区间的差异，尤其是对喀斯特洞穴的特征、类型及成因，有详细的考察和科学的记述。他是中国和世界广泛考察喀斯特地貌的卓越先驱。（2）纠正了文献记载的关于中国水道源流的一些错误。如否定自《尚书·禹贡》以来流行1000多年的"岷山导江"旧说，肯定金沙江是长江上源。正确指出河岸弯曲或岩岸近逼水流之处冲刷侵蚀厉害，河床坡度与侵蚀力的大小成正比等问题。对喷泉的发生和潜流作用的形成，也有科学的解释。（3）观察记述了很多植物的生态品种，明确提出了地形、气温、风速对植物分布和开花早晚的各种影响。（4）调查了云南腾冲打鹰山的火山遗迹，科学地记录与解释了火山喷发出来的红色浮石的质地及成因；对地热现象的详细描述在中国也是最早的；对所到之处的人文地理情况，包括各地的经济、交通、城镇聚落、少数民族和风土文物等，也做了不少精彩的记述。他在中国古代地理学史上超越前人的贡献，特别是关于喀斯特地貌的详细记述和探索，居于当时世界的先进水平。

中国大地上的地理奇观

从古到今，喀斯特一直在神秘莫测地变幻生长着，今天地理上地形地貌的复杂多样往往会使我们感受到错落之美，对自然的敬畏油然而生。

中国广袤的土地上，喀斯特地貌分布广泛，类型众多，为世界罕见。在这座神奇的地理大观园里，不同的地域又有着各自不同的精彩与美丽。

在中国，作为喀斯特地貌发育的物质基础——碳酸盐类岩石（如石灰石、白云岩、石膏和岩盐等）分布很广。据不完全统计，总面积达200万平方千米，其中裸露的碳酸盐类岩石面积约130万平方千米，约占全国总面积的1/7；埋藏的碳酸盐类岩石面积约70万平方千米。碳酸盐类岩石在全国各省区均有分布，但以桂、黔和滇东部地区分布最广。湘西、鄂西、川东、鲁、晋等地，碳酸盐类岩石分布的面积也较广。

时光与环境打磨出的奇迹

要追溯中国现代喀斯特的产生，还要回到千万年之前，在燕山运动以后准平原的基础上，中国现代喀斯特逐渐发展了起来。

老第三纪时，华南为热带气候，峰林开始发育；华北则为亚热带气候，至今在晋中山地和太行山南段的一些分水岭地区还遗留有缓丘—洼地地貌。但当时长江南北却为荒漠地带，是喀斯特发育很弱的地区。

新第三纪时，中国季风气候形成，奠定了现今喀斯特地带性的基础。华南保持了湿热气候，华中变得湿润，喀斯特发育转向强烈。尤其是第四纪以来，地壳迅速上升，喀斯特地貌随之迅速发育，类型复杂多样。随冰期与间冰期的交替，气候带频繁变动。但在交替变动中气候带有逐步南移的特点，华南热带峰林的北界达南岭、苗岭一线，在湖南道县为北纬 25°40′，在贵州为北纬 26°左右。这一界线较现今热带界线偏北约 3 ~ 4 个纬度，可见峰林的北界不是在现代气候条件下形成的。

中国东部气温和雨量虽是向北渐变，但喀斯特地带性的差异却非常明显。这是因为受冰期与间冰期气候的影响，间冰期时中国的气温较高，雨量较大，有利于喀斯特发育。而冰期时寒冷少雨，强烈地抑制了喀斯特的发育。但越往热带其影响越小。在热带峰林区域，保持了峰林得以断续发育的条件，而从华中向东北则影响越来越大，喀斯特作用的强度向北迅速降低，使类型发生明显的变化。

广大的西北地区，从第三纪以来均处于干燥气候条件下，是喀斯特几乎不发育的地区。

在时光与环境的变换与打磨中，中国各地喀斯特的特点渐渐清晰。

南北西东各不同

中国东部喀斯特地貌呈纬度地带性分布，自南而北为热带喀斯特、亚热带喀斯特和温带喀斯特。中国西部由于受水分的限制或地形的影响，属干旱地区喀斯特（西北地区）和寒冻高原喀斯特（青藏高原）。

热带喀斯特　以峰林—洼地为代表，分布于桂、粤西、滇东和黔南等地。地下洞穴众多，以溶蚀性拱形洞穴为主。地下河的支流较多，流域面积大，故称地下水系，平均流域面积为 160 平方千米，最大的地苏地下河流域面积达 1000 平方千米。地表发育了众多洼地，峰丛区域平均每平方千米达 2.5 个，洼地间距为 100~300 米，正地形被分割破碎，呈现峰林—洼地地貌。峰林的坡度很陡，一般大于 45°。峰林又可分为孤峰、疏峰和峰丛等类型，奇峰异洞是热带喀斯特的典型特征。

中国热带海洋的珊瑚礁是最年轻的碳酸盐岩，大多形成于晚更新世和全新世。高出海面仅几米至 10 余米，发育了大的洞穴和天生桥、滨岸溶蚀崖及溶沟、石芽等，构成礁岛的珊瑚礁多溶孔景观。

亚热带喀斯特　地貌以缓丘—洼地（谷地）为代表，分布于秦岭淮河一线以南。地下河较热带多而短小，平均流域面积小于 60 平方千米。洼地较少，每平方千米仅为 1 个左右，且从南向北减少，相反，干谷的比例却迅速增加。正地形不很典型，主要为馒头状丘陵，其坡度一般为 25° 左右，洞穴数量较热带大为减少，以溶蚀裂隙性洞穴居多，溶蚀型拱状洞穴在亚热带喀斯特的南部较多。

温带喀斯特　以喀斯特化山地干谷为代表，地下洞穴虽有发育，但一般都为裂隙性洞穴，其规模较小。喀斯特泉较为突出，一般都有较大的汇水面积和较大的流量，例如趵突泉和娘子关泉等。这一带中洼地极少，干谷众多。正地形与普通山地类同，唯山顶有残存的古亚热带发育的缓丘—洼地、缓丘—干谷等地貌。强烈下切的河流形成峡谷，局部地区，如拒马河两岸有类峰林地貌。

干旱地区喀斯特　现象发育微弱，仅在少数灰岩裂隙中有轻微的溶蚀痕迹，有些裂隙被方解石充填，地下溶洞极少，已不能构成渗漏和地基不稳的因素。

寒冻高原喀斯特　青藏高原喀斯特处于冰缘作用下，冻融风化强烈，喀斯特地貌颇具特色，常见的有冻融石丘、石墙等，其下部覆盖冰缘作用形成的岩屑坡。山坡上发育有很浅的岩洞，还可见到一些穿洞。偶见洼地。

这是名副其实的地理大观园，南北西东，各自不同，又各自精彩。

 延伸阅读

中国地理概况

中国位于亚洲东部，太平洋西岸。陆地面积960万平方千米，东部和南部大陆海岸线1.8万多千米，内海和边海的水域面积约470多万平方千米。海域分布有大小岛屿7600个，其中台湾岛最大，面积35798平方千米。

中国地势西高东低，山地、高原和丘陵约占陆地面积的67％，盆地和平原约占陆地面积的33％。山脉多呈东西和东北—西南走向，主要有阿尔泰山、天山、昆仑山、喀喇昆仑山、喜马拉雅山、阴山、秦岭、南岭、大兴安岭、长白山、太行山、武夷山、台湾山脉和横断山脉等山脉。从南到北有珠江、长江、淮河、黄河、海河、辽河、松花江、黑龙江等水系河流。

几百万年前，青藏高原隆起，地球历史上这一重大地壳运动形成了中国的地貌。从空中俯瞰中国大地，地势就像阶梯一样，自西向东，逐渐下降。由于印度板块与欧亚板块的撞击，青藏高原不断隆起，平均海拔4000米以上，号称"世界屋脊"，构成了中国地形的第一阶梯。高原上的喜马拉雅山主峰珠穆朗玛峰高达8844.86米，是世界第一高峰。第二阶梯由内蒙古高原、黄土高原、云贵高原和塔里木盆地、准噶尔盆地、四川盆地组成，平均海拔1000～2000米。跨过第二阶梯东缘的大兴安岭、太行山、巫山和雪峰山，向东直达太平洋沿岸是第三阶梯，此阶梯地势下降到500～1000米以下，自北向南分布着东北平原、华北平原、长江中下游平原，平原的边缘镶嵌着低山和丘陵。再向东为中国大陆架浅海区，也就是第四级阶梯，水深大都不足200米，蕴藏着丰富的海底资源。

山水石林中的奇幻地理

在我国辽阔的大地上，奇幻的山水石林之中，风光绮丽、造型独特、千姿百态的喀斯特地貌，开始渐渐被世人熟知，这些神秘美丽的地理奇观，充满了诱人的吸引力。

中国南方喀斯特是中国政府 2006 年申报世界自然遗产的唯一项目，并于 2007 年 6 月 27 日在第 31 届世界遗产大会上被评选为世界自然遗产，获得全票通过。

"中国南方喀斯特"是中国政府向世界遗产委员会提出的世界自然遗产地的总名称。第一期遗产地包括石林喀斯特、荔波喀斯特和武隆喀斯特，分别作为石林喀斯特、锥状喀斯特和峡谷喀斯特的典型代表。第二期遗产地包括金佛山喀斯特、施秉喀斯特、环江喀斯特、桂林喀斯特，分别作为台原喀斯特、白云岩喀斯特、锥状喀斯特和塔状喀斯特的典范。遗产地面积 885 平方千米，缓冲区面积 1761 平方千米，总面积 2646 平方千米。中国南方喀斯特的面积占整个中国喀斯特面积的 55%，有着多样的喀斯特地形地貌，集中了中国最具代表性的喀斯特地形地貌区域，展示了一个由多湿的热带至亚热带的喀斯特地貌，其中很多景点享誉国内外。

云南石林：天下第一奇观

云南石林，地处滇东高原腹地，位于石林彝族自治县境内，距昆明市 70 余千米。石林冬无严寒，夏无酷暑，四季如春，是一个集自然风光、民族风情、休闲度假、科学考察于一体的著名大型综合旅游区。石林以喀斯特景观为主，以"雄、奇、险、秀、幽、奥、旷"著称，具有世界上最奇特的喀斯特地貌（岩溶地貌）景观，在世界地学界享有盛誉（图 3-1）。

图 3-1 云南石林喀斯特

石林形成于2.7亿年前，经漫长的地质演化和复杂的古地理环境变迁，才形成了现今极为珍贵的地质遗迹；它涵盖了地球上众多的喀斯特地貌类型，分布世界各地的石林仿佛汇集于此，其石芽、峰丛、溶丘、溶洞、溶蚀湖、瀑布、地下河错落有致，是典型的高原喀斯特生态系统和最丰富的立体全景图。

石林景区面积达 1100 平方千米，气势大度恢宏，保护区为 350 平方千米，山光水色应有尽有、各具特色。全区可分为八个旅游片区：石林风景区、黑松岩（乃古石林）风景区、芝云洞、长湖、飞龙瀑（大叠水）景区、圭山国家森林公园、月湖、奇风洞。其中开发为游览区的是：石林风景区（中心景区）、黑松岩风景区、飞龙瀑风景区、长湖风景区。

进入景区，仿佛步入时间的隧道，充分感受到大自然的鬼斧神工。悠游海底迷宫，峭壁万仞、石峰嶙峋，像千军万马，又似古堡幽城，如飞禽走兽，又像人间万物，惟妙惟肖，栩栩如生。

石林的魅力不仅仅在于自然景观，还在于独具特色的石林撒尼土著风情。最有影响的是"一诗""一影""一歌""一节"。彝文记录的古老的撒尼叙事长诗《阿诗玛》被译成 20 多种文字在国内外发行，改编成中国第一部彩色立体声电影《阿诗玛》，享誉海外；撒尼歌曲《远方的客人请您留下来》名扬天下；每年农历六月二十四日的彝族火把节是撒尼人的传统节日，被誉为"东方狂欢节"。

贵州荔波：中国最美的地方之一

荔波县归属黔南布依族苗族自治州，与广西接壤。茂兰国家级喀斯特森林自然保护区就位于荔波县的东南部，它由东南部的贵州荔波水上森林喀斯特森林区、甲良镇洞庭五针松保护点及小七孔喀斯特森林科学游览区三部分组成，总面积 21285 公顷。其中核心区 5827 公顷，缓冲区 8910 公顷，实验区 4588 公顷（图 3-2）。

茂兰喀斯特森林从 20 世纪 80 年代起就开始吸引了一些国外的探险者和旅行者，但很少为国人所知，穿越它至今仍然充满挑战。在 2005 年《中国国家地理》杂志主办的"中国最美的地方"

图 3-2 贵州峰丛喀斯特

评选中，贵州荔波击败了众多"资深"的名山胜地，以"榜眼"的身份获得网络人气奖，摘得"中国最美的森林"桂冠。

荔波喀斯特原始森林、水上森林和"漏斗"森林，合称"荔波三绝"。它们虽然生长在不同的空间，有的在山上，有的在水中，有的在"天坑"里，但都存活在贫瘠、脆弱的喀斯特环境中，都是石头上长出的森林。这也是人与自然和谐的奇迹。

根据喀斯特地貌形态与森林类型的组合，可将荔波喀斯特原始森林景观进一步分为漏斗森林、洼地森林、盆地森林、槽谷森林四大类。

漏斗森林　为森林密集覆盖的喀斯特峰丛漏斗，其树木密集，四周群山封闭，底部有漏斗式的落水洞，状若深邃的巨大绿色窝穴。漏斗底至锥峰顶一般高差150～300米，人迹罕至，万物都保持着原始自然的特色。

洼地森林　为森林广泛覆盖的喀斯特锥峰洼地，常有农田房舍分布其间。田园镶嵌在绿色峰丛之间，喀斯特大泉及地下河水自洼地边缓缓流出，清澈透明，构成山清水秀的田园森林风光。布依族人民古朴的木板房、吊脚楼、小桥、流水，为洼地森林增添了诗情画意。

盆地森林　为森林覆盖较广的喀斯特盆地（谷地），四周森林茂密的孤峰及峰丛巍然耸立。盆地开阔平坦，良田纵横，地下河时出时没。上下一片碧绿，形成了蔚然壮观的盆地森林景观。

槽谷森林　为森林浓密覆盖的喀斯特槽谷。谷中浓荫蔽日，两旁绿色喀斯特峰丛高耸，谷底巨石累累，巨石上布满藤萝树木。槽谷中多有地下河露出，谷地忽宽忽窄，两岸锥峰时高时低，森林覆盖疏密不定，形成神秘而静谧的景色。

"水在石上淌，树在石上长"，这是荔波县又一大奇观——水上森林，其树木"年纪"多在百岁以上，根系裸露水中，紧抱巨石，任水冲击仍郁郁葱葱。小七孔的水上森林，是不可多得的好去处。那里，森林长在碧水中，碧水在林中流淌，水中荡舟，丛林对抱成荫，一堆堆茂密的双扇蕨争相而出。更有屹立水中的参天大树，傲然挺立，直指苍穹，根部紧紧抱住岩石，居然不被洪水冲走。在小七孔鸳鸯湖700多米长的"水上林荫道"放舟，水中低垂的树枝不时碰着船头，四周湖水绿如蓝，幽静极了。

重庆武隆：峡谷立体喀斯特世界独有

武隆喀斯特所在地武隆区，地处重庆市东南边缘、乌江下游，东邻彭水，南接贵州省道真县，西靠南川、涪陵，北与丰都相连，距重庆市区170千米，自古有"渝黔门屏"之称。武隆的喀斯特景观有世界一流的旅游洞穴和洞穴科学博物馆芙蓉洞、世界上规模最大的串珠式天生桥群天生三桥、世界上唯一发现的冲蚀成因天坑群后坪天坑群（图3-3）。

图 3-3 重庆峡谷喀斯特

芙蓉洞是一个大型石灰岩洞穴，全长2400米，洞体高大，宽高多在30～50米，其中，辉煌大厅底面积在1.1万平方米以上。洞内各种次生化学沉积形态（即钟乳石类）琳琅满目、丰富多彩。其中，大多数种类分布之广泛，质地之纯净，形态之完美，在国内发现中多属少见。尤其是正在形成中的池中珊瑚状和犬牙状方解石晶花，洞壁上各种姿态的卷曲石、方解石和石膏晶花更是国内稀有，世界罕见。芙蓉洞按规划开发三大景区，主要景点约30处，其中十多处在国内外均可堪称最佳景点。

武隆天生三桥是全国罕见的地质奇观生态型旅游区，属典型的喀斯特地貌。景区以天龙桥、青龙桥、黑龙桥三座气势磅礴的石拱桥称奇于世，属世界上规模最大的串珠式天生桥群。

天生三桥地处仙女山南部，位居仙女山与武隆区之间。天龙桥即天生一桥，桥高200米，跨度300米，因其位居第一、有顶天立地之势而得名。天龙桥桥中有洞，洞中生洞，洞如迷宫，既壮观又神奇。青龙桥即天生二桥，是垂直高差最大的一座天生桥。桥高350米，宽150米，跨度400米，夕阳西下，霞光万道，忽明忽暗，似一条真龙直上青天，故名青龙桥。黑龙桥即天生三桥，桥孔深黑暗，桥洞顶部岩石如一条黑龙藏身于此。黑龙桥景色以其流态各异的"三迭泉""一线泉""珍珠泉""雾泉"四眼宝泉而独具特色。

后坪天坑群位于重庆长江三峡黄金旅游线上三峡腹地的武隆

后坪乡境内，属武陵山系，距武隆县城 88 千米。后坪天坑群曾吸引中、英、美洞穴联合科考队和中国地质学会洞穴研究会会长朱学稳教授多次进行考察。总面积为 15 万平方米的 5 个天坑，藏于原始森林和竹林中，天坑周围绝壁万丈，天坑下面是地洞，地洞中隐藏着更大的天坑。5 个天坑的口径和深度均在 300 米左右，并呈圆桶形状，附近还有 1.5 万亩成片的原始森林和 3 万亩左右的石林、水库等，极具科考价值且富有神秘感。

重庆金佛山：世所罕见的喀斯特桌山（图 3-4）

金佛山位于重庆市南川区，以特有的喀斯特桌山（台原）地貌为代表；有古老的高海拔洞穴系统、多彩的地表喀斯特景观、丰富的生物多样性和悠久的熬硝历史；是金佛山申请世界自然遗产的五大闪光点。

图 3-4 金佛山喀斯特桌山

金佛山属典型的喀斯特地质地貌，山势雄奇秀丽，景色深秀迷人。峰谷绵延数十条大小山脉，屹立100多座峭峻峰峦。区内天然溶洞星罗棋布，以位于机身睡佛肚脐上的古佛洞最为著名。古佛洞雄大幽深，洞中有山、有河、有坝，洞中有洞，层层交错。

金佛山25万亩原始常绿林中，萃集237科2997种植物。景区以其独特的自然风貌，品种繁多的珍稀动植物，雄险怪奇的岩体造型，神秘幽深的洞宫地府，变幻莫测的气象景观和名刹古寺遗迹而同时被誉为"东方的阿尔卑斯山"。

贵州施秉：白云岩喀斯特的最典型范例（图3-5）

施秉位于贵州省东部，地处中国云贵高原东部边缘向湘西低山丘陵过渡的山原斜坡地带，处于中国阶梯地势第二级与第三级

图3-5 白云岩喀斯特

的过渡地区。施秉喀斯特地处施秉县北部，与云台山、杉木河景区及杉木河水源涵养区边界重合，总面积282.95平方千米，其中，核心区102.8平方千米，缓冲区180.15平方千米。施秉喀斯特保存着完好的白云岩喀斯特地层、构造、地貌、洞穴、地下水系等地质遗迹，是世界热带、亚热带白云岩喀斯特的杰出代表。发育在5.7亿年前的古老白云岩性基础上的锥状峰丛峡谷喀斯特，例证了白云岩在特定的自然地理背景及构造基础上发育的典型、壮观景观，为丰富"中国南方喀斯特"的地貌类型做出了积极的贡献。

施秉喀斯特地势陡峭，从河谷到山顶形成了不同的气候，土壤环境发育了森林、河流及洞穴生态系统。森林覆盖率高达93.95%，植被演替以原生演替为主，植被垂直分异明显并形成了丰富的寄生、附生、攀援和生物喀斯特等生态适应现象。喀斯特高层异质化的生境已成为许多古老孑遗植物的避难所，并为野生动植物提供了多样的栖息环境，孕育了丰富的生物多样性。分布有维管束植物1094种，其中蕨类植物112种，裸子植物23种，被子植物959种，其中列入IUCN红色名录的有38种，特有植物9种，并保留了众多孑遗植物。共有脊椎动物328种，其中鱼类50种，两栖类19种，爬行类35种，鸟类168种，哺乳类56种，其中列入IUCN红色名录的有270种，特有动物25种。

广西环江：保存最完整的喀斯特森林（图3-6）

环江喀斯特位于广西河池市环江毛南族自治县木论乡，以锥形山为主，典型的裸露纯质石灰岩山地环境，属中亚热带季风气候区，形成中亚热带石灰常绿落叶阔叶混交林生态系统，是隐域性森林植被顶级群落。森林覆盖率为94.8%，加之灌木林0.611平方千米，覆盖率达95.4%，是世界上喀斯特地貌区幸存连片面积最大，完好性保存最佳，原始性最强的喀斯特森林。

图 3-6 广西峰林喀斯特

环江喀斯特与荔波喀斯特世界自然遗产地（2007年申遗成功）天然连成一体，保存了从高原喀斯特逐渐过渡到低山丘陵喀斯特构成的完整形态谱系，其间展布了峰丛、峰林、洼地、谷地、洞穴等类型的喀斯特景观，反映了一个完整而独特的喀斯特演化过程，具有不可估量的美学价值、科学价值。

广西桂林：桂林山水甲天下（图3-7）

桂林喀斯特位于广西桂林。桂林山水，素以"山清水秀，洞奇石美"著称于世，驰名中外，广受赞誉。桂林喀斯特分布于南北长120千米，东西宽20～60千米的漓江流域内，喀斯特连片分布面积2500多平方千米，喀斯特石峰10000余座，峰林与峰丛平分秋色。

桂林喀斯特的主要景观类型包括峰林和峰丛，并以峰林喀斯特独具特色。桂林喀斯特石峰高耸，以塔形为主，峰林拔地而起，相互离立，峰丛基座相连，洼地相随，是陆地发育最完美的峰林和峰丛喀斯特。此外，桂林喀斯特景观类型还有峰丛中的坡立谷、洼地、喀斯特湖泊，漓江喀斯特峡谷、河流和浅滩、象形石山和生物喀斯特景观，以及隐藏在奇山秀水中的地下喀斯特景观，包括地下河、洞穴、钟乳石等。

桂林喀斯特以漓江为纽带，景观要素丰富，有奇特的峰林、

图 3-7 桂林喀斯特

峰丛、谷地和平原，清澄回环的水流，嶙峋斑斓的崖壁，瑰丽奇艳的洞府，分布于漓江及其两岸，以及漓江支流遇龙河上游。同时，遗产地生态环境绝佳，田园密布，低缓河流穿行其间，是喀斯特地区人地和谐的典范。

　　桂林喀斯特是大陆型塔状喀斯特地貌的世界典范，发育于地层产状平缓、岩层巨厚而纯净的上泥盆统至下石炭统的石灰岩中。在广泛分布的碳酸盐岩地层上，发育了连片分布的峰林喀斯特、峰丛喀斯特、喀斯特峡谷河流和近百个洞穴。在漓江及其支流的冲积平原上所展示的喀斯特塔峰（峰林），在世界上来说都是极其稀有的，是全球塔状喀斯特的模式地。

桂林喀斯特展现了如今还能够观察到的正在进行的塔状喀斯特发育演化的地质地貌过程，伴随塔峰底部的溶蚀及雨水的直接溶蚀，崖壁不断下切和崩塌，形成塔峰。桂林遗产地还为峰丛地貌和峰林地貌协同发育提供了证据，是在湿润热带喀斯特区域非常著名的"桂林模式"。因此，桂林喀斯特以其壮观的塔状和锥状喀斯特最终发育演化为一个开阔的平原而成为中国南方喀斯特演化史上一个完美的句号，是全球塔状喀斯特的发育演化教科书。

 延伸阅读

我国其他著名喀斯特景观名胜区

广东：肇庆七星岩有七座石灰岩山峰形如北斗七星，山前星湖潋滟，山中多洞穴，洞中多有暗河、各种奇特的溶洞堆积地貌。

广西：桂林山水和阳朔风光主要是以石芽、石林、峰林、天生桥等地表喀斯特景观著称于世，并且是山中有洞，"无洞不奇"。

四川：九寨沟钙化滩流属于水下地表堆积地貌，如珍珠滩瀑布；黄龙风景区钙化池、钙化坡、钙化穴等组成世界上最大而且最美的岩溶景观；石柱县新石拱桥为喀斯特天生桥地貌。

湖南：武陵源黄龙洞，冷水江波月洞，都是奇特溶洞景观，各种堆积地貌罗列其中，如神仙府洞，奥妙无穷。

江西：鄱阳湖口石钟山景区绝壁临江洞穴遍布；彭泽龙宫洞长2000米，洞内可泛舟观景，堪称"地下艺术宫殿"。

浙江：瑶琳仙境，位于桐庐县，是浙江省规模恢宏、景观壮丽的岩溶洞穴旅游胜地，也是浙江省迄今发现的最大洞穴；洞长1000米，共有6个洞天，以"雄、奇、丽、深"闻名于世。

江苏：宜兴石灰岩溶洞有"洞天世界"的美称，善卷洞、张公洞、灵谷洞又称"三奇"，洞壑深邃，多奇石异柱，泛舟其中如入海底龙宫。

吉林：通化鸭园溶洞，有四个大厅，洞内满布石柱、石笋、石钟乳、石瀑、石帘、石莲花、石幔等堆积景观，并且深处有溶岩潭，深不可测，无法前往。

第 31 届世界自然遗产委员会是这样评价武隆喀斯特的：她包含了被称为天坑的巨大垮塌洼地和罕见高度的天生桥，天生桥之间延伸着深度很大的无顶洞穴。这些壮观的喀斯特特征拥有世界级的品质，代表着经历显著抬升的内陆喀斯特高原，其巨大的漏斗和天生桥是中国南方天坑景观的代表。

第四章

世界遗产在武隆

刻在武隆大地上的光阴简史

大地的宠儿

悬挂在联合国大厅的世界地图上，中国仅仅标出了四个城市的名字，其中一个就是重庆。而在重庆形如火凤凰的版图上，我们能很轻松地找到一座叫作武隆的城市——那是中国的第六处世界自然遗产地。

武隆区位于四川盆地东南边缘，是大娄山、武陵山与贵州高原的过渡地带，著名的长江右岸支流乌江下游的峡谷区，东界彭水县，南接贵州道真县，西连南川区和涪陵区，北与丰都县相邻，武隆东西长 82.7 千米，南北宽 75 千米，正处于地理学家公认的神秘纬度——北纬 30° 范围内。（图 4-1）

武隆地势东北高，西南低，境内以山地为主，多深丘、河谷，素有"八分山、半分地、半分水"之称。从武隆区地图上可以清楚地看到，东山箐、白马山、弹子山由北向南宛如学童手绘的平

图 4-1 武隆喀斯特在重庆的位置图

行线，横穿全境，桐梓、木根、双河、铁矿、白云等高地均匀分布其中。乌江由东向西从中部横断武隆全境，造成了乌江北面的桐梓山、仙女山为武陵山系，而南面的白马山、弹子山属大娄山系的地理特征。（图4-2）

武隆气候温湿，受季风环流影响，四季分明，年平均气温为15℃～18℃，年最低气温零下3.5℃，最高41.7℃，无霜期240天至285天。年降水量则为1000～1200毫米，四至六月降水量占全年39%，具有春雨、夏洪、冬干的特点。而海拔800米以上的山区，每年约有五个月的多雨季节，雨雾蒙蒙，日照少，气温低，霜期长，对农作物生长影响较大。山上山下温差在10℃左右，形成"一山分四季"的典型立体气候。

武隆是大地的宠儿，地理条件得天独厚，自然资源广博丰富。其森林覆盖率47%，高于重庆乃至全国绝大多数区县，因此也拥有丰富的自然资源。目前已开采的矿藏包括煤、铁、硫铁矿、铝矿等。另外还有油桐、生漆、茶叶、黄连、苎麻、杜仲、烤烟等数十种经济作物和经济林木，有的品种甚至已被列入全国和市里的基地品种。广袤的森林、高山同时也为野生动物提供了良好的生存环境，经专家考察发现，在武隆仅白马山原始森林区就拥有小熊猫、灵猫、林麝、大鲵等众多国内外珍稀动物和濒临绝种动物。

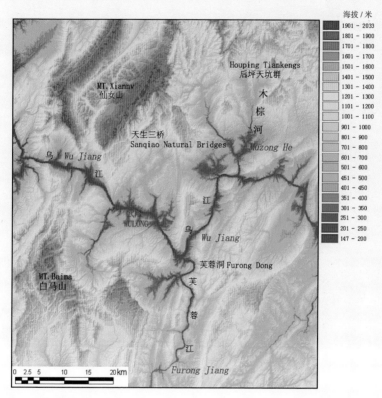

图 4-2 武隆喀斯特地势图

图 4-3 仙女山牧场

　　武隆有山,桐梓山、白马山、弹子山、仙女山,山山巍峨,融雄、险、奇、幽于一体。最高的仙女山海拔高达 2033 米,并因其江

南独具魅力的高山草原，南国罕见的林海雪原，青幽秀美的丛林碧野景观而誉为"南国第一牧原"和"东方瑞士"。（图4-3）

武隆有水，木棕河、芙蓉江、长途河、清水溪、石梁河、大溪河等大大小小的支流由南北两翼汇入滔滔乌江。而作为武隆区唯一通航河道的乌江东起木棕河，西至大溪河，流经 16 个乡镇，行程 80 千米；乌江两岸河谷狭窄，江水奔驰于悬崖峭壁间，重峦叠嶂，气势雄伟，航道多峡口险滩。由于深度溶蚀形成的深切槽谷交错出现，构成武隆全区崇山峻岭，岗峦陡险，沟谷纵横，伏流交错，溶洞四伏的地貌。拥有如此丰富的水产资源，武隆也因此在境内修建有大、中、小水电站 100 多个。

武隆不只是大地的宠儿，也是地质学家的宠儿。在地质学家眼里的武隆是一块宝。它有着十分丰富的地貌：除了众所周知的立体喀斯特地貌群，还有分布在桐梓、江口、车盘、兴顺等地的海拔大于 1000 米，高差大于 1000 米的深切割中山地貌；分布在向斜地区的海拔小于 1000 米高差大于 500 米的深切割倒置低山地貌；分布在木根、双河、车盘等地的海拔在 1400 ~ 1800 米的中山山原地貌；还有多级分布在龙洞、火炉、接龙等地的岩溶槽谷地貌，以及在乌江沿岸的巷口、中嘴、土坎少量分布的河谷地貌。

图 4-4 腾飞的龙

山水之间的历史与现实

"武隆"的得名，有很多耐人寻味的传说。有形如山说，该说法最早见于《太平寰宇记》中："以邑界武龙山为名"，即"武隆"一名源于武龙山，因此山其形如龙，威武雄壮，故得"武龙"之名，后演变为"武隆"（图4-4）；另据《读史方舆纪要》载：今核桃乡内，一山"逶迤如龙，下有空洞，一名武隆山"。也有建制设县说，据县志记载，武隆设县始于唐朝武德二年（619年），当时的大唐高祖在这里设立了"武龙县"，及至明洪武十三年（1380年），因"武隆"与广西一县同名，故改"龙"为"隆"，寓兴旺发达之意，从此武隆一名一直沿袭至今。最为奇特的还要算是五龙雕柱说。相传明朝时期，武隆区老衙门旁修建有一座大庙，一时间南来北往香客不断，大庙的庙柱上雕有五条龙，几百年来在人们长期供奉下化为真身。不知从哪一年开始，武隆遭受旱灾，眼看就要颗粒无收，五条神龙使出法术，显灵降雨。人们为了纪念五条神龙，遂又将此地取名为"五龙"，后演变为"武隆"。时至今日，坐船沿乌江而下，老一辈还会指着猫鼻梁的五重岩告诉你，那是五条龙过路时分别留下的痕迹，而"五龙缠玉柱"也仍被看作武隆区标志。

说起武隆有史可考的历史，则要追溯到距今5000多年前的新石器时代。1982年，在武隆区江口镇蔡家村盐店咀发掘出一件用青砂石磨制成的石斧（长15.5厘米，宽9厘米，呈椭圆条形，上端有一处带凹斜形的地方，便于大拇指使力），经鉴定正是属于新石器时代的石斧，武隆人骄傲地说：武隆文明是与整个华夏文明同步发展的！

到了春秋时期，武隆为巴国地，战国时属楚国黔中地，秦时属秦黔中郡，汉代属巴郡管辖。蜀汉时期，延熙十三年（250年）在今境鸭江地置汉平县，隶属涪陵郡（今彭水）。唐武德二年（619年）分涪陵县置武龙县，治地在土坎乡，隶属涪州。明洪武十三年（1380年），改武龙县为武隆县，仍隶涪州。清康熙七年（1668年）并入涪州，设武隆巡检司，嘉庆七年（1802年）改武隆巡检司为分州。民国二年（1913年）2月，涪州改为涪陵县，武隆分州也更改为武隆分县。民国三十一年（1942年）7月1日，由涪陵分出第五区，建立武隆设制局，隶属四川省第八行政督察区，民国三十四年（1945年）1月，武隆设制局升格为县，隶属不变。1949年12月5日武隆县人民政府成立，驻巷口镇，隶川东涪陵区行政专员公署。1996年1月，涪陵设立地级市，武隆县为涪陵市下的一个县。1997年12月，正式撤销涪陵市，武隆县由重庆市直管。2016年府，武隆县撤县设区，设立武隆区。

　　随着时间的变迁，如今的武隆交通便利，水陆交通干线纵横交错，四通八达。它是重庆一小时经济圈辐射渝东南和黔东北的重要交通、商贸枢纽。公路方面，武隆除了拥有国道319线，省道203、303、904线以及武隆到贵州道真、务川省际高等级公路外，还有渝湘高速公路，随着渝湘高速的开通，武隆到重庆的时间缩短至1个多小时。铁路方面，渝（重庆）—怀（怀化）铁路沿乌江右（北）岸从武隆区境内穿过。水路方面，有作为重庆市重点港区的武隆港，乌江航道可通航1000吨级船舶，县境内通航里程为79千米，目前有小型的水翼客船运行于彭水至涪陵之间。除此之外，武隆仙女山机场于2016年9月23日开工建设，2020年通航。重庆渝湘高铁预计2024年通车，届时从主城半小时即可到武隆。

　　2002年，芙蓉江景区被中国国务院批准为国家级风景名胜区。2004年3月，原国土资源部批准建立重庆武隆岩溶国家地质公园。2007年6月27日，"武隆喀斯特"作为"中国南方喀斯特"

的一部分，被正式列为世界自然遗产名单。武隆不仅成为中国优秀旅游城市，而且是重庆各区县对旅游资源进行市场化开发最为成功的范例，并提出了"芙蓉仙女、梦幻武隆"的旅游形象宣传语和旅游标识。2008年，武隆先后成功举办了由国家体育总局、国家广电总局和重庆市人民政府联合主办的国内唯一的国际山地户外体育运动A级赛事——国际山地户外运动公开赛，以及如国际低空跳伞节等国际赛事，在国际舞台上也日渐活跃。2011年7月6日，含天生三桥、仙女山、芙蓉洞三景区的武隆喀斯特旅游区获批国家5A级旅游景区。

山水之间的历史与现实，与武隆大地的岁月变迁，一起写就了武隆的精彩！

武隆地质遗迹，人类共同的记忆

从江口镇沿芙蓉江上行约5000米，可以在芙蓉江右岸高出江面约280米的石灰岩崖壁上看到一个洞穴。当地人发现，那个洞口中时常会弥散出阵阵雾气，于是为其取名为"气洞"。所谓的气洞，实际上就是一个400多平方米的洞厅，因为冬暖夏凉，不知从何时开始，这里就变成了江口镇村民平常避雨、休息之处。

1993年5月26日，烈日当空，有6位村民一如既往来此小憩，却无意间在气洞的洞壁上发现一个小洞口，从洞口内传出隐藏在

图 4-5 中外联合洞穴探险科考

大山深处阵阵沁人心脾的凉气，一时间暑意全消。顿时，村民们好奇心大起。他们拿起随身的农具敲开洞壁，钻进洞去想一探究竟，然而结果是他们做梦也没想到的。在依稀的光线中，映入他们眼帘的是一个前所未有的瑰丽世界，一个暗河涓涓、石花绽放、石笋遍地的人间仙境！

消息一传出，江口镇政府随即组织有关单位对该洞进行保护，并请来专家探测（图 4-5），公布的消息令人震惊，这是一个罕见的大型溶洞，底洞总面积达 37000 平方米。其中的棕榈状石笋、红珊瑚池、石膏花等都属于世界特级景观。在全世界都为这个发现欣喜时，芙蓉洞这个埋藏于山腹千万载的神秘洞穴终于渐渐揭开面纱，为武隆申请世界自然遗产埋下了伏笔。

随着 2001 年、2002 年，芙蓉洞、天坑三桥先后被评为国家 4A 级旅游区，仙女山森林公园、乌江画廊等大批景点也被挖掘，这些瑰丽的景象共同在武隆这片极具喀斯特地貌奇观的土地上组成了独具特色的"一洞一江两山一桥一缝一坑一画廊"旅游路线：洞穴科学博物馆——芙蓉洞，水上喀斯特原始森林——芙蓉江，落在凡间的伊甸园"南国第一牧原"——仙女山，亚热带"生物基因库"——白马山，世界最大的天生桥群——天生三桥，峡谷地质奇观——龙水峡地缝，世界唯一的地表水侵蚀成因天坑群——后坪天坑群，山水画廊——乌江，成为地理大观园中当之无愧的"梦幻之境"。

坐拥如此之多的旅游资源，武隆人没有辜负大自然对他们的恩泽，他们无比珍惜地从大自然手中接下了这笔"自然财富"，并立志要将它们展现在更多人面前。

2003 年伊始，武隆迈开铿锵的步伐，走在了申报世界自然遗产的路上。如果武隆申报世界自然遗产成功，无疑有着非同寻常的意义，这不仅是武隆的骄傲，也是重庆的骄傲，更是中国的骄傲。为了登顶世界遗产这座至高神圣的殿堂，早日实现走向世界的光荣梦想，以当时武隆县人民政府为牵头单位的各级部门开始了漫长而艰辛的申遗之路。

令人欣慰的是，建设部在 2003 年贵州兴义的会议上初步确定了我国包括云南、四川、贵州、广西、重庆在内的四省一市以"中国南方喀斯特"的名义联合申报世界自然遗产的决定，重庆市的奉节天坑地缝、南川金佛山和武隆的芙蓉洞一同被纳入"中国南方喀斯特"联合申报世界自然遗产申报地名单。之后，建设部和专家组经过反复讨论，决定将包括天生三桥、后坪天坑群、芙蓉洞在内的武隆喀斯特作为重庆唯一自然遗产申报地进行申报，以确保武隆喀斯特提名的科学价值。

2005 年 9 月 10 日，建设部正式确定"中国南方喀斯特"申报世界自然遗产由云南石林、贵州荔波椎状喀斯特和重庆的武隆喀斯特作为第一批申报的申报地。同年 12 月 31 日，以联合申报形式出现的，涵盖重庆武隆喀斯特、贵州荔波椎状喀斯特及云南石林喀斯特的"中国南方喀斯特"以其景观资源的独特性、完整性、原始性顺利通过建设部认定，从多个候选申报地中脱颖而出，被正式确定为 2007 年中国申报世界自然遗产的唯一项目。

随后，当时的武隆县风景管理局成立了申报世界自然遗产办公室，作为整个武隆喀斯特申报世界自然遗产的牵头单位和组织者，主要负责遗产申报资料的翻译收集上报、环境综合整治标准把握、遗产专家考察接待等重要的工作。在各级政府的高度支持和直接指导下，成立了"武隆县风景名胜区管理局"，设有芙蓉洞、天生三桥、后坪天坑三个专门的管理处，从而更好地履行对风景名胜区的管理职责。同时，为确保"申遗"成功，还引进了专业人才，并增强申报世界自然遗产领导小组的遗产知识培训。如主动聘请岩溶洞穴专家朱学稳教授为武隆申报中国南方喀斯特世界自然遗产顾问，确保武隆的"申遗"工作少走弯路，节约资金和提高效率；并制作了武隆申报世界自然遗产专题片，在西部12个省、市电视台交换播出。

图 4-6 史密斯与袁道先考察芙蓉洞

在世界自然资源保护联盟（IUCN）专家对武隆进行严格考察评估后，认为天坑、芙蓉洞是世界一流的，有非常好的垮塌洼地，反映出大自然塑造地貌的力量，展示了典型的峡谷生态系统，具有很高的科学价值和旅游景观价值。（图 4-6）

武隆经受住了考验。

2007 年 6 月 27 日，在新西兰第 31 届世界遗产大会上，梦想变成了现实，"武隆喀斯特"作为"中国南方喀斯特"的重要组成部分，被列入《世界遗产名录》。武隆喀斯特成功申报世界自然遗产，也成为目前全国第六个、重庆唯一的世界自然遗产。为此，武隆还成立了重庆喀斯特研究院，并成功举办了第一届"中国南方喀斯特"国际学术论坛和2007中国重庆武隆国际山地户外运动公开赛。同时组建了"重庆武隆喀斯特旅游投资有限公司"，完成了仙女山国家森林公园的重组回购工作。

2007年是个收获的时节，一切付出都得到了回报。该年武隆共接待游客164万人次，国内旅游收入1.67亿元，分别增长25.2%和26.9%。旅游对全区经济的贡献增强，带动第三产业发展所产生的增加值占全区GDP总量的17.5%。武隆正在以前所未有的速度走向全市，走向全国，走向全球。越来越多的人开始了解武隆，关注武隆，走近武隆。

 延伸阅读

世界遗产的申报程序

一个国家一旦签署了《世界遗产公约》，就可以开始为把本国遗产列入《世界遗产名录》而进行提名。具体的申报程序如下：

1. 一个国家通过签署《世界遗产公约》，并保证保护该国的文化和自然遗产而成为缔约国。

2. 所有缔约国要把本土具有突出普遍价值的文化和自然遗产列出一个预备名单。

3. 从预备名单中筛选要列入《世界遗产公约》的遗产。

4. 把填写好的提名表格寄给联合国教科文组织世界遗产中心。

5. 联合国教科文组织世界遗产中心检查提名是否完全，并送交世界自然资源保护联盟和／或国际古迹遗址理事会（ICOMOS）评审。

6. 专家到现场评估遗产的保护和管理情况。

7. 按照文化与自然遗产的标准，世界自然资源保护联盟和／或国际古迹遗址理事会对交的提名进行评审。

8. 世界自然资源保护联盟和／或国际古迹遗址理事会做出评估报告。

9. 世界遗产委员会主席团的7名成员审查提名评估报告，并向委员会做出推荐。

10. 世界遗产委员会最终做出录入、推迟录入或淘汰的决定。

按照《世界遗产公约》规定自然遗产必须要满3个条件：

1. 从审美和科学角度看具有突出的普遍价值的物质和生物结构或这类结构群组成的自然面貌。

2. 从科学、保护角度看需具有突出的普遍价值的地质和自然地理结构以及明确划为受威胁的动物和植物生境区。

3. 从科学、保护或自然美角度看具有突出的普遍价值的自然景观或明确划分的自然区域。

同时要列入《世界遗产名录》的自然遗产项目还必须符合下列一项或几项标准并获得批准：

1. 代表地球演化史中重要阶段的突出例证。

2. 代表进行中的重要地质过程、生物演化过程以及人类与自然环境相互关系的突出例证。

3. 独特、稀有或绝妙的自然现象、地貌或具有罕见自然美的地带。

4. 是尚存的珍稀或濒危动植物种的栖息地。

世界自然遗产的 3 个完整性条件：

1. 包含展示突出普遍价值的所有必要要素。

2. 有足够大的面积，能够完整展现遗产地重要意义的特征和过程。

3. 较少受到人类发展活动的影响。

北纬 30°，大自然的鬼斧神工

北纬 30°，主要是指北纬 30°上下波动 5°所覆盖的范围。

沿地球北纬 30°线前行，有着许多奇妙的自然景观。从地理布局大致看来，这里是地球山脉的最高峰——珠穆朗玛峰的所在地。世界几大河流，比如埃及的尼罗河、伊拉克的幼发拉底河、中国的长江、美国的密西西比河，也均是在这一纬度线入海。

同时，北纬 30°线贯穿四大文明古国，也是世界上许多著名的自然现象及人类文明所在地：中国的钱塘江大潮、巴比伦的"空中花园"、约旦的"死海"、古埃及的金字塔及狮身人面像、北非撒哈拉大沙漠的"火神火种"壁画、远古玛雅文明遗址……

北纬 30°线穿过中国，它东起浙江舟山市，西至西藏日喀则地区，横跨浙江、安徽、西藏等九个省区；跨越长江三角洲、江汉平原、四川盆地、川西高原和青藏高原，连成了一道道美丽的风景线……

武隆喀斯特，大自然的杰作，同样位于北纬 30°之上。它的奇特的喀斯特系统究竟是怎么形成的呢？

20世纪90年代之前，武隆喀斯特"养在深闺人未识"，从芙蓉洞偶然被发现开始华丽转身为"吹尽狂沙始见金"的世界地质奇观——武隆喀斯特系统。

洞穴爱好者、红玫瑰俱乐部创始人、武隆区荣誉市民——美国人艾琳·林奇（Erin Lynch）女士（图4-7），专门勘探世界上有名的洞穴。一次偶然的机会，武隆芙蓉洞的报道引起了艾琳的注意，到中国来考察一次后，她就在芙蓉洞住下来长时间考察，并不断将考察记录发布到网上，引来越来越多的洞穴爱好者的关注，提高了芙蓉洞在国际上的知名度。从2001年开始，她又将后坪天坑地下洞穴系统探测了超过了100千米，发现了其独特的地形地貌。应艾琳女士邀请，世界上很多知名的探险协会和组织都曾前往武隆考察，很多学生还将考察做成学术论文，在国际上发表，为武隆"申遗"做出了巨大的贡献。

图4-7 艾琳·林奇

2013 年国庆假期期间，国内媒体大量报道：在中国重庆市附近发现了一个新洞穴，其内部可视度极低，烟雾袅绕如同云层一般。洞穴处于巨大的环形悬崖下方，周围覆盖着大量的植被和水流，探险者需要通过绳索滑降才能抵达洞穴的位置。更令人惊讶的是，岩洞是如此巨大以至于其内部能够生成一套完整的气候系统。报道迅速引起了国人及重庆市相关部门的高度关注。后经多方核实，原来是艾琳女士邀请的著名英国探险家、摄影师罗比·肖恩在 2013 年 3 月对武隆喀斯特系统进行探险时，偶然发现了一个大型洞穴。回国后，在 2013 年 10 月前后，罗比·肖恩（Robbie Shone）以配以丰富图片的文章详细介绍了武隆喀斯特系统，文章发表在了《地理》杂志，以及《每日邮报》《费加罗报》《每日快报》等权威媒体。国内媒体关注到后大量转发，从而在国内引起轰动。

在申请世界遗产时，由世界遗产委员会派遣前来最后验收武隆喀斯特的桑塞尔博士团队认为，芙蓉洞、天生三桥、后坪天坑是长江三峡里唯一展示不同地质变迁环境过程的景点。她们不仅体现了溶洞和峡谷地貌特征，还代表着整个长江三峡形成时的地壳运动情况。据了解，芙蓉洞、天生三桥、后坪天坑分别形成于 260 万年前、240 万年前、50 万年前，代表着不同时期的长江三峡地貌。武隆喀斯特能直接表现从乌江边到海拔 2000 多米的高山之间低、中、高三个层次 5 亿多年间地质演化的历史，而这三层的各自代表是：低——芙蓉洞；中——天坑、天生三桥、地缝沿线；高——箐口天坑。这便是武隆喀斯特最大的特点和优势之所在。

第31届世界自然遗产委员会是这样评价武隆喀斯特的：她包含了被称为天坑的巨大垮塌洼地和罕见高度的天生桥，天生桥之间延伸着深度很大的无顶洞穴。这些壮观的喀斯特特征拥有世界级的品质，代表着经历显著抬升的内陆喀斯特高原，其巨大的漏斗和天生桥是中国南方天坑景观的代表。武隆喀斯特景观包含了世界上最大的江河系统之一——长江及其支流的历史证据。

而中国地质科学院岩溶地质研究所的朱学稳教授则认为"武隆喀斯特"是深切型峡谷的杰出代表，是反映地球演化历程的最佳范例，具有极高的科考和观赏价值。

武隆喀斯特孕育出三个独立喀斯特系统，即芙蓉洞芙蓉江喀斯特系统、天生三桥喀斯特系统和后坪侵蚀型天坑喀斯特系统。芙蓉江是乌江下游最大的深切峡谷型河流，干流长231千米，谷深达1330米，芙蓉江芙蓉洞喀斯特系统就发育在其下游出口附近。羊水河干流长28千米，落差1415米，天生三桥喀斯特系统就发育在其中部穿越灰岩的区域。木棕河干流长25千米，后坪侵蚀型天坑喀斯特系统就发育在其源头补给区。根据地壳抬升→河谷深切→包气带生成→喀斯特形态发育循序演进的原理，可以推断出这三个自然景观分别发育于寒武系—奥陶系及二叠—

下三叠统碳酸盐岩地层中，其中芙蓉洞芙蓉江系统最早，天生三桥系统次之，最后是后坪侵蚀天坑系统。作为同样因为长江三峡地区新近纪以来地壳大面积抬升和相应的河谷深切等基本条件下发育形成起来的，可称作"中国南方喀斯特三绝"的芙蓉洞芙蓉江喀斯特系统、天生三桥喀斯特系统和后坪侵蚀型天坑喀斯特系统分别以洞穴系统、天生桥及峡谷系统和喀斯特天坑系统等不同的表现形式，生动地记录和表现出地球发展地壳抬升的特性。

芙蓉洞芙蓉江喀斯特系统

提起武隆喀斯特，芙蓉洞芙蓉江喀斯特系统就不能不被提及。该喀斯特系统位于芙蓉江近出口段的峡谷右岸，主要出露寒武系、奥陶系灰岩以及白云岩地层，地质构造上属芙蓉江复式褶断带，即由一系列走向为东北—西南、大致相互平行的紧闭褶皱及逆冲断层组成。

芙蓉洞芙蓉江喀斯特系统的地貌基本特征为山高坡陡，河谷深切，峡谷雄伟，山顶地势开阔，波状起伏，具明显的山原地貌特征。但由于乌江下游最大的支流——芙蓉江的关系，芙蓉江两岸的地貌并不相同，其中芙蓉江以西表现的是两列带状山地，而芙蓉江以东的分水岭山地则具有山原地貌特征。

截至2006年底，专家已在芙蓉江右岸发现百余个竖井和洞穴，它们由垂向竖井、横向洞穴和现代地下水道组成，分别分布在岸顶、岸坡和岸边。各洞穴间高度落差巨大，海拔最高的汽坑洞、峒坝洞等均在 1100 米以上；然后为海拔 970 米的浩口石膏洞、双壁洞和海拔 850 米的白鹤洞；其次为海拔在 720～670 米的凉风洞、辽垭洞、水帘洞；闻名遐迩的芙蓉洞则与火炮洞、龙孔洞一起分布在海拔 480～350 米的高度上；除此外，还有与现今芙蓉江水面十分接近的四方洞、干矸洞、迷魂洞，海拔高度仅为 180～200 米。

从表 4-1 中可以看到，芙蓉洞各洞口分布的相对高差达 1080 米，而其中最深的竖井为汽坑洞，也是国内已知探测最深的洞穴，垂向深度达 920 米，洞道长度为 5.88 千米；洞坝洞垂深 656 米，长 7.234 千米。因此，以汽坑洞为代表的垂向洞穴也成为洞穴探险爱好者和探险家的乐园；而以芙蓉洞为代表的横向洞穴，则成为游人向往的最佳去处（图 4-8，图 4-9）。

表 4-1　芙蓉洞洞穴系统洞穴洞口高程表

洞名	汽坑洞	摔人洞	卫江岭洞	新路口洞	洞坝洞	水帘洞	芙蓉洞	干矸洞	四方洞
洞口高程/米	1162	1060	970	900	878	670	480	200	180

图 4-8 探测竖井

图 4-9 洞穴探测

　　让无数学者着迷的是，尽管洞口的高度各不相同，但芙蓉江竖井和洞穴在竖向洞道向横向洞道转换的海拔标高上呈现高度的一致性，即标高 450 ～ 550 米为度，其以上的竖井多以连续数百米的竖向洞道为主；以下的洞穴则横向与垂向通道交替发育，横向洞道占据绝对优势。这种种迹象，生动展示了长江三峡地区新近纪晚期的地壳抬升运动：前期新构造运动间歇性抬升，侵蚀基准面逐级下降，喀斯特地下水则竭力不断地去适应下降了的基准面，从而形成分布于不同高度上的洞穴层。随着新构造运动由相对稳定转为抬升，喀斯特水由水平运动转为垂向运动，于是竖向洞道开始转换为横向洞道，且在原来的洞底形成垂向溶隙和竖井，如在芙蓉洞内（吊笋厅）出现深达229米的竖井。

除了独具特色的地质特征外，在芙蓉洞芙蓉江喀斯特系统中生活的动植物及其多样性也格外引人注目。

若是有幸亲临芙蓉洞芙蓉江峡谷一带，那么可要注意了，你可能会在树梢上发现一大群黑叶猴，也可能会在灌木丛中看到野鸡的影子。由于山高坡陡，森林茂密，人类活动影响相对较小，这里已成为野生动物难得的栖息地，同时还是我国生物多样性保护研究的重点地区。共拥有237种动物，其中包括众多的珍稀动物，如国家一级保护动物有华南虎、豹、云豹、黑叶猴和金雕等5种；国家二级保护动物的猕猴、穿山甲、豺、斑林狸、大灵猫、小灵猫、林麝、水獭、黄喉貂、鸳鸯、鸢、白冠长尾雉、红腹锦鸡等也长居于此。在这里还发现了国际贸易中明确规定，已属于濒危物种的虎、豹、黑叶猴等18种动物生活的迹象。还包括极具旅游观赏价值的动物群：黑叶猴群、猕猴群、野鸡群、画眉、相思鸟等。除此之外，在芙蓉江中还生存着64种鱼类，属于中国特有种的达33种，约占50%。鸟类有109种，包括金雕、红腹锦鸡、白冠长尾雉、棕噪鹛、白头鹎、绿鹦嘴鹎、灰胸竹鸡、棕头鸦雀等，也皆属于中国特产品种。（图4-10，图4-11）

这里不仅是动物的天堂，对植物来说芙蓉江峡谷也是得天独

图 4-10 黑叶猴

图 4-11 锦鸡

厚之所。这里河流深切，气候温暖湿润，岩性和地貌类型复杂多样，峡谷两岸人口稀少，因此生长着众多植物种类，并拥有大量特色植物、观赏植物。调查表明，仅在芙蓉洞芙蓉江喀斯特系统中就有维管束植物 558 种。其中蕨类植物 56 种；裸子植物 12 种；被子植物 490 种。如此丰富的植物种类，不甘落后般密集于此，在自然环境相似的灰岩地区十分少见。（图 4-12）

图 4-12 野百合

普通大众可能很难发现在芙蓉江峡谷葱郁的森林中还隐藏着众多的植被类型，如：以马尾松林等为主的暖性针叶林；以白栎、麻栎、栎为主的常绿阔叶林；以火棘灌丛、黄荆灌丛、蚊母树灌丛、杂灌草丛为主的灌草丛；并生长着众多斑竹和慈竹；等等。

除了木本植物，生活在这里的草本植物物种也十分丰富，最常见的当数乔灌木种类，也因此形成了多种类型的灌木林、森林、灌草丛。这里生活着许多常绿植物，包括马尾松、柏木、杉木、樟科、山茶科、杜英科及壳斗科的一些种类。众多的植物像是约定好了齐聚在一起，共同创造出一年四季各不相同的植物景观。在春季和夏初，可以看到在翠绿色的背景上点缀着红花、黄花、紫花，五彩缤纷；盛夏呈现出来的则是一片汪汪的油绿色；红色的枫香叶、乌桕叶、火棘果、南天竹果、红橘，黄色的栎叶、银杏叶与暗绿色的常绿叶相配，把秋冬季节也打扮得绚丽多彩，美不胜收。

"洞穴博物馆"芙蓉洞

芙蓉洞芙蓉江喀斯特系统是洞穴系统，而坐落于芙蓉江岸峭壁中的芙蓉洞则是本喀斯特系中，同时也是芙蓉江和乌江下游峡谷岩边规模最大、位置最高的洞穴。其洞口高出芙蓉江水面300米（标高480米），全长为2846米，宽高则多在30～50米以上。

芙蓉洞最早发育于寒武系和奥陶系碳酸盐岩中，比我国南方喀斯特区中众多发育在晚古生代至中生代碳酸盐岩中的喀斯特洞穴提早了近2亿年，其珍贵价值不言而喻。

芙蓉洞洞体规模宏大，洞内次生物理—化学沉积物多样而丰富，洞穴中包含着各种各样溶蚀形态、壮观的崩塌堆积、目不暇接的钟乳石类、现阶段不同处境的洞内池塘等等。这一切奇幻的景象都在讲述着芙蓉洞沧桑的历史演进过程。我国著名的洞穴专家朱学稳教授就曾评价说："从科学研究和科学普及方面看，芙蓉洞堪称是一座洞穴科学博物馆。"

在世人眼中，芙蓉洞乃光阴幻化所致。而科普读物则告诉我们，喀斯特洞穴的形成是一种复杂的化学溶蚀、机械侵蚀和崩塌过程。它必须具备可溶性的岩石（可溶岩能提供水渗透和运移的空间），具有溶蚀能力的水，具有流动性的水。当水流从空气、土壤、植被、岩石中获得具有溶蚀能力的碳酸或其他无机酸、有机酸，通过可溶岩体中时，即可产生溶蚀扩大作用；水流量及流速在这些溶蚀扩大了的缝隙中逐渐提高，形成差异溶蚀；最后最终扩大形成超过人体大小的自然地下空间——洞穴。

一般来说，喀斯特洞穴的发育演化分为三个阶段：

（1）形成阶段：只要满足洞穴发育的基本条件，即可开始形成洞穴。在这个阶段洞穴空间规模一般较小，多呈孔隙状，人们无法进入。

（2）发展阶段：随着参与洞穴发育的水流的汇聚、流速的提高，洞穴空间逐渐扩大，发展成为人能进入具有一定规模的通道系统。而在贴近饱水带的并成为水流汇聚中心的洞穴则会演化为地下水道——地下河。

（3）衰亡阶段：由于地壳抬升，洞穴逐渐脱离地下水位进入包气带，失去了进一步发展的动力条件；崩塌现象显著，钟乳石类次生化学沉积大量发育，洞穴空间逐步壅塞减小。

根据芙蓉洞的种种迹象，中国地质科学院的专家们将其形成和发展过程准确地概括为三个阶段：

（1）早期潜流带洞穴形成

在地下水位以下一定深度，处于全充水承压条件下而形成早期的潜水带洞穴通道。此时的通道可能是若干个潜流环，其规模不很大，年代甚早，其时芙蓉江可能刚刚形成。

（2）地下河洞穴发育和崩塌发生阶段

这是一个延续时间很长的阶段，是芙蓉洞洞体形成的主要时期。大约在早更新世晚期，即距今至少 100 万年以前开始，随着贵州高原的大面积抬升，芙蓉洞逐渐上升至地下水位附近，来自补给区的大量水流改造着原先的潜流带通道，并不断扩大、塑造出新的规模宏大的地下河洞穴通道。形成洞穴的主要作用既包括溶蚀，又有受重力作用控制的水流的侵蚀，并因此奠定了今日芙蓉洞的总体格架。当芙蓉洞随地壳上升离开地下水位时，因水流的排出而发生大规模的洞顶崩塌。崩塌与溶蚀、侵蚀作用一起，构成洞穴发育的三大作用。

值得一提的是仅仅将崩塌理解为洞穴的破坏因素是不全面的。由于崩塌的物质之间有大量的空隙，所以崩塌不是直接扩大洞穴空间而是减少了洞穴的原有空间。然而，当洞穴中有地下河流动时，则会因为地下河带走了大量的崩塌物质，从而扩大洞穴空间。芙蓉洞的崩塌作用十分强烈，致使原始的洞顶、洞壁基本不复存在，那些曾经保留在洞穴周壁的流痕、边槽、窝穴的缺失也给探讨芙蓉洞的发育历史带来极大的困难。

（3）洞穴次生化学沉积物大量沉积阶段

在洞穴上升而脱离地下水位之后，洞穴的滴水、洞壁的流水和渗水等开始活动。由于洞穴之上有巨厚的碳酸盐岩地层，大量含有过饱和碳酸钙的溶液进入洞穴空间，造成许多洞穴次生化学沉积物的沉积。在以沉积作用为主的这一阶段，虽然仍不时有崩塌发生，但规模已大大小于前一时期。如今，专家勘测到芙蓉洞内崩塌物的可见厚度达 70 米，则很可能在崩塌物的下面还有更早期的数量较少的化学沉积物。然而目前，对次生化学沉积物"年龄"的测试手段还不完备，一般只能测定距今 35 万年以内的年代（国外个别实验室可测定 60 万年）。根据辉煌大厅中被砸倒的石笋来看，其核心"年龄"已超过 35 万年，因此目前尚无法了解芙蓉洞最古老的沉积物的确切年代。估计这最后一阶段历时亦有百万年之久。

即便在目前，芙蓉洞内也在以肉眼难以察觉的速度上演着成长与崩塌的"连续剧"。根据已有的测年资料可以看到，芙蓉洞最近一二十万年洞穴化学沉积十分活跃。洞穴化学沉积除了受古气候变化的直接影响外，洞内小环境的变化（如洞底的塌陷）也起到很大作用。例如，芙蓉洞中许多曾经存在的水池已干涸，如水深曾达17米的葡萄园水池和面积曾达250平方米、水深2.5～3.2米的玉门关水池。辉煌大厅被砸倒的石笋上面所生长的小石笋，其高度甚小，因为它还仅有10万年。通过对这类石笋的详细研究有可能得到近一二十万年来的古环境变化的信息，这是洞穴的又一科学意义。另外，芙蓉洞最末端的深达229米的竖井则很有可能是近十几万年期间所形成的，种种迹象都表明洞穴仍在继续发育演化中，这些丰富多彩的"连续剧"，似乎永远不会有落幕的一天。

最美的沉淀

武隆人都说，芙蓉洞内景点是有灵性的。这些由千姿百态的各种洞穴沉积物所构成的石花、石柱、石幕宛如心有灵犀，共同相聚于此组成一幕幕引人入胜、令人留连忘返的迷人景致。洞穴专家们则说，芙蓉洞之妙，妙得不可思议。要知道，在洞穴中所有沉积物都是相应环境的地质记录档案。而在芙蓉洞中表现出来的居然是两种完全不同的沉积环境，这奇妙的现象让所有专家都欣喜若狂。

许多洞穴都因其中瑰丽奇异的沉积物而闻名，如北京石花洞。芙蓉洞也是如此。芙蓉洞中拥有各种重力水（滴水、流水、溅水、池水）类型和琳琅满目的非重力水化学沉积物，在已有分类、命名的类型和形态中几乎样样齐全；而且从宏观到微观，从水上到水下，从早期到现代，从碳酸盐类到硫酸盐类无一缺席。其个体形态之新奇瑰丽，矿物结晶之完美和多样，其数量之众多，质地之纯净，分布之广泛，皆是国内外洞穴中少见的。最难能可贵的是，其中的大部分，皆洁净无染，色同白玉，质如琼枝，因而极具观赏价值。目前，芙蓉池水沉积和发育完美的非重力水沉积物中有好多种被列入国内外珍稀的洞穴化学沉积形态，芙蓉洞也因此跻身于世界一流洞穴之列。

按沉积物的不同，芙蓉洞的景观可分为以下几类：

池水沉积类：是芙蓉洞最精华部分，包括珊瑚瑶池、犬牙晶花池等（图4-13A，图4-13B，图4-13C）。

位于芙蓉洞内880米深处的珊瑚瑶池，面积32平方米，水深0.8米，由西侧的边缘流石坝流出的池水清澈见底，沁人心脾。站在池边可以清楚地看到，池中方解石晶花在垂向上呈层状结构，底层为云朵块状，厚度在10～25厘米。上层晶花层厚度为35～40厘米，又由三个水平结晶层构成：水平延伸状似浮筏的

图 4-13A 水池表层生成的方解石晶朵及其上的浮筏小石笋

图 4-13B 池水—滴水—流水三者协同沉积的产物——晶杯

图 4-13C 水池中的犬牙状方解石晶簇

底部，呈球粒或葡萄状结晶，厚 4 ~ 6 厘米；竖向生长，多沿底层浮筏边缘呈线性曲折延展的丛聚晶簇为中层，此层结晶晶质微黄且剔透，厚度在 35 厘米左右；在空气—池水界面上，则生成边石、边石杯或边石环（其中边石宽 3 ~ 5 厘米，边石杯直径约 5 ~ 13 厘米，皆为白至粉红色糖粒状方解石结晶）。

犬牙晶花池位于洞内 1000 米深处的辉煌大厅南侧。池水面依洞壁延长，呈条形，水池面积 8.5 平方米，水深不超过 0.35 米，水源由洞顶滴水供给。犬牙晶花池得名于水池周边满布的白色犬牙状（整体梳状）方解石晶簇，其中单个犬牙状晶体长度达 6.0 ~ 8.5 厘米。根据专家长期的观测证明，池中的犬牙晶体仍在生长中。

非重力水沉积类：即由非重力水形成的景观，是芙蓉洞的又一精华所在。芙蓉洞的非重力水沉积可以分为碳酸盐和硫酸盐两类，主要包括文石和方解石的晶霜、晶花、海绵层、方解石晶花、皮壳层和卷曲石，以及石膏花和晶块等，主要分布在较深部的大厅的洞壁皮壳沉积上和石膏花支洞中。目前人们能观察到的只是其中很少的一部分。此类沉积物又以"银丝玉缕""奇花异草"景点为代表，"银丝玉缕"指的是纤细如发、卷如根须的方解石、文石晶花和卷曲石，同时卷曲石也是非重力水沉积类中最具观赏价值的。卷曲石共有 3 种形态：丝状卷曲石，直径小于 1 毫米，色白质纯，通常生长于洞壁皮壳表面或钟乳石褶缝中；蠕虫状卷曲石，直径多为 2 ~ 4 毫米，中心有通水微孔，形态各异绚丽夺目；鹿角状卷曲石多为直径 0.5 ~ 1.5 厘米的圆棒，呈鹿角状分支，横断面密实无孔，且晶形解理不显，外表有横向绳纹状印痕，纹距 2 毫米左右，出现于石膏花支洞的一槽形凹壁上，较集中分布的面积约 14 平方米，与洞壁瘤状或乳房状皮壳共生，单枝长多在 5 ~ 30 厘米左右，较长者达 50 ~ 57 厘米，以多枝聚生为主；而在"奇花异草"景点的洞壁上，则可以看见大片枝状、珊瑚状、棒状及犬牙状方解石结晶集合体晶花，美不胜收。(图 4-14，图 4-15)

图 4-14 非重力水沉积的鹿角状卷曲石

图 4-15 非重力水沉积的石膏花

滴石类：由滴石类石钟乳、石笋、石柱（主要是石笋）为主构成的景点，数目上最多，体量较大，形态变化万千，其中又以辉煌大厅最为壮观：看"松柏会仙"，洞壁上的石幔宛如枝叶繁茂的翠柏和顶压白雪的青松，列队成排的石笋似"仙人"从四面八方汇聚至此；"艺术长廊"内满布石笋、石钟乳、石幔，犹如寒梅吐艳、百花争春，形成一幅幅山水壁画、玉雕泥塑，可谓艺术珍品，价值连城；"林木峥嵘"是一组大小悬殊的石笋，形如一片郁郁葱葱的森林，其色或洁白如雪，或淡如胭脂，质同玉石；"生命之源"这一象形石笋令人惊叹大自然的鬼斧神工；还有芙蓉洞最美的景点之一的"仙山琼阁"，除了数以百计的石笋外，右边洞壁到处悬挂着晶莹的鹅管、细小的石钟乳和精巧的卷曲石，宛如置身仙府神宫；"擎天玉柱"则是芙蓉洞内最为粗壮、最高的一根石柱，直接洞顶"支撑"着芙蓉洞广宇大厦，其高度达 29.9 米，是由一组石笋联结而成，蔚为壮观。同时在这一景点内还见有多量的白色粉末状沉积，这是我国洞穴中极少见的水菱镁矿沉积物——月奶石，具有极高的科考价值。此外，"大小雁塔""火箭待发""动物世界""火树银花""玉树琼花""辉煌大厅"等景观都是由大小、形状不同的石笋构成，千奇百怪，直教人叹为观止。

协同沉积类：芙蓉洞的协同沉积主要包括两种类型，一是以莲花盆为代表的滴水—池水沉积，体现在"莲花观音"和"莲花池"两个景点，莲花观音座下的"石莲花"的"年龄"是 4.1 万年；二是棕榈状石笋，芙蓉洞中多处石笋皆为该类型，并以"棕榈树"为代表。远远看去，"棕榈树"中的几根石笋仿佛身着盔甲威风凛凛的武士，而身上盔甲即是棕榈片。棕榈状石笋是滴水与飞溅水的复合沉积物，由于此处洞顶很高，大量的滴水使石笋增高，而在长年累月作用下，滴水所溅起的水珠则在石笋的周边形成倾斜向上的棕榈片。（图 4-16）

图 4-16 "辉煌大厅"的巨型石笋林（以棕榈状石笋为主，高达 10～25 米）

崩塌堆积类：由于地壳运动，在芙蓉洞内崩塌物很多，除构成数座洞底的"山"之外，还鬼使神差形成几处景点，最突出的有"霸王巨盔"和"一夫当关"。"霸王巨盔"原来是一根大石笋，它因为被洞顶塌落而下的石钟乳击中而倾倒，大石笋的直径大于8米，时至今日，倒塌石笋最外层上已经生长起新的小石笋，经过测定，小石笋的铀同位素年龄为9.7万年，这就意味着，石笋被砸倒已经是发生在距今10万年以前的事儿了。（图4-17）

图4-17 被洞顶坠石砸翻的巨型石笋（霸王巨盔）

流石类：包括壁流石、顶流石和底流石等类。芙蓉洞内壁流石分布广，规模均较宏大，在"巨幕飞瀑和芙蓉大佛"景点表现得最好，"巨幕飞瀑"的石帷幕和石瀑皆为壁流石，高度和宽度分别为40米、50米。在两幅巨大的石幕之间的"芙蓉大佛"高为15米，是一个由滴水形成，外形特殊的石笋。石帷幕、石瀑布和石笋（大佛）中，以石帷幕年龄最大，其生成年代在距今16万年以前，石笋年龄约10万年，石瀑布则至今仍处于生长之中。（图4-18）

图4-18 洞壁上的巨型石幕

天生三桥喀斯特系统

　　天生三桥喀斯特系统位于武隆区的北部，属于乌江右岸支流羊水河的中游段。羊水河发源于武隆、丰都交界处，全长 26 千米，平均径流深 814.3 毫米。它是季节性河流，其上游地表水已经从猴子坨流入喀斯特含水层，下游已成为干谷。被羊水河横切灰岩段均为峡谷状，也因而具有极高的观赏价值。

　　天生三桥片区气温较低且降水量较大。区内森林茂密，也因此拥有丰富的动物资源。目前已知的野生动物中哺乳类 47 种，爬行类 28 种，两栖类 20 种，鸟类 174 种，鱼类 34 种。在天生三桥的七十二岔洞中还发现有各类蜘蛛、蝴蝶等。在仙人洞内约 5000 米的深处则生存着蝙蝠。而在龙泉洞、仙人洞等有水的洞穴中发现有蝌蚪、盲鱼等，在洞内黑暗环境条件下，它们的眼睛已严重退化，体色变浅而透明，可看到内脏和骨骼等。

　　除了动物资源丰富外，在天生三桥一带也生存着众多植物。其植被类型以中亚热带湿润常绿阔叶林为主，地带性植被为常绿阔叶林，由于原生植被已被破坏，现有植被均为次生植被。在天生三桥中列入国家重点保护植物名录的种类有：银杏、杜仲、南方红豆杉、平舟木（鸭脚板）、鹅掌楸、核桃、川黄檗、金荞麦、香樟、喜树、中华猕猴桃、绞股蓝等。

　　与芙蓉洞芙蓉江喀斯特相比，天生三桥喀斯特系统地势相对平缓，以起伏不大的峰丘为主。在和缓的峰丘谷地之下，由落水洞、多期伏流洞、峡谷干谷、伏流、天生桥、天坑、喀斯特泉及两岸洞穴共同构成罕见而典型的喀斯特系统，而喀斯特峡谷就是其中最主要的组成部分。

羊水河峡谷（图4-19）

在天生三桥喀斯特峡谷系统中，较有地质景观价值的峡谷段为猴子坨至龙水峡峡谷段，统称为羊水峡，峡谷深度多在200～400米，宽十几米至两三百米。通常，人们习惯性沿羊水河河段将羊水峡分为四段，其分别为龙门峡、"三桥、两坑、一峡"、子房沟、龙水峡。

（1）龙门峡

自猴子坨伏流入口至天龙桥，长约2千米，为箱形深大峡谷和完全干谷段。峡谷雄壮，两岸山峰高耸，海拔为1100～1400米，谷底高程915～1015米，谷深230～400米，宽100～200米。龙门峡两岸陡崖峭壁绵延，陡崖大多高度为100～230米，因此视觉上颇为壮观。在谷底边缘分布有大量崩塌堆积的岩块，谷底中心部分主要为黏土充填。在龙门峡段中地质遗迹有：猴子坨伏流入口（落水洞）及其下游峡谷壁上流入型洞穴、七十二岔洞、悬崖绝壁、双门洞等。

图 4-19 羊水河峡谷简图

（2）三桥、两坑、一峡

该段全长 2.1 千米，为天生桥与天坑相间分布段，主要由天龙桥、青龙桥和黑龙桥这 3 座天生桥，青龙和神鹰 2 个天坑，以及神鹰峡谷组成。

在前面讲到过，3 座天生桥所在的羊水河段在喀斯特作用下形成地下暗河，暗河侵袭之处形成了洞穴，随着溶蚀的发展，洞穴不断变大，最终导致洞穴顶部发生串珠式的坍塌。坍塌的地段形成天坑，暗河暴露变成地表河。而在天坑之间尚未坍塌，相对狭窄的残留洞穴，便形成了天生桥。天龙桥、青龙桥和黑龙桥这 3 座喀斯特天生桥均由羊水峡谷上崩塌残留所致，它们共同分布在峡谷中段约 1.5 千米的干峡谷内。其中，青龙桥因雨后飞瀑自桥面倾泻成雾，夕照成彩虹，似青龙直上而得名，黑龙桥因其拱洞幽深黑暗似有一条神龙蜿蜒于洞而名。最让武隆人津津乐道的就是天龙桥、青龙桥和黑龙桥 3 座桥总高度、桥拱高度和桥面厚度指标皆居世界第一位，高度为 223～281 米、厚度为 107～168 米、拱高 96～116 米、跨度 28～34 米、宽度为 124～193 米，天生三桥也因此成为世界上规模最大的串珠式天生桥群。（图 4-20，图 4-21）

值得骄傲的是，天生三桥不仅是世界上规模最大的串珠式天生桥群，而且桥间还有"青龙""神鹰"两个天坑，这种现象放到世界范围上看也是不多见的，因此让天生三桥在世界天坑领域

图 4-20 青龙桥

图 4-21 天龙桥

中占有十分重要的地位。其中"神鹰"天坑平面形态略呈心形，坐落于青龙桥和黑龙桥之间，由天生桥及周围的陡崖绝壁围合而成。在"神鹰"天坑西北侧绝壁下还有一泉水长流不断，一到雨季，悬瀑纷飞。桥的雄壮、崖的高耸、泉的灵巧、瀑的壮丽，在这里浑然天成般融合到一起，直叫人心旷神怡。（图 4-22）

"一峡"即神鹰峡，位于黑龙桥下游，由于青龙桥南侧的山顶上有数根岩柱，高达 21～42 米，其组合状如雄鹰，因此得名神鹰峡。神鹰峡长度只有 600 米，两岸绝壁顶部标高 850～1075 米，谷底标高 830～850 米，绝壁高度变化于 20～225 米，特别是近黑龙桥的前半段绝壁高达 150～200 米，甚为壮观，其中有"龙门屏障""雄狮镇关"等景点。

（3）子房沟

子房沟龙泉洞至白果伏流出口段，有龙泉洞、仙人洞及多处泉水补给，因此沟床尚有常年性少量水流，沿河谷时隐时现。这一峡谷段长约 3000 米，可分为前、中、后三段。前段的上半部分东岸为断续的陡崖，西岸是一长长的斜坡，下半部分则为典型嶂谷，且陡崖高度仅为 60～85 米，谷底宽约 20 米；中段谷壁大部分为陡崖，高度只有 40～50 米，从距白果伏流入口近 200 米开始，峡谷变窄，最窄处不足 2 米，谷深达百米；后段为白果伏流段，长约 1000 米，通道高达 60～100 米，洞宽 10 米许，窄处不足 3 米，堪称地中峡谷。此段中的主要地质遗迹有鹅岩村

图 4-22 神鹰天坑

附近的"大洞"，峡谷下游谷壁上揭露的洞穴及早期地下河堆积的砾石、子房沟典型的基座阶地、白果伏流等。

（4）龙水峡（图4-23）

龙水峡是从白果伏流至柏香林段，全为地缝式峡谷段，因此又称龙水峡地缝式峡谷，其狭窄处不及5米，是由于两侧陡壁纵向坡度大而形成。

喀斯特峡谷之谜

喀斯特峡谷系统特别是天生三桥喀斯特系统备受关注。上游落水洞、羊水峡干谷、白果伏流和龙水峡的形成，天坑和天生桥的形成，现代河谷持续深切，地下水不断溯源侵蚀，落水洞向源头区后退，地表地下水流多次改变方向以至乌江最终对天生三桥水系的袭夺等等，构成一幅幅喀斯特峡谷形成和演变的生动画卷，向人们讲述着第四纪以来喀斯特峡谷系统的地貌转化过程。

或许有人会问，天生桥、天坑、峡谷，诸多奇特的现象都是怎样构成的呢？中国地质科学研究院的专家们揭晓了答案，这些频频让人瞠目结舌为之倾倒的喀斯特峡谷系统都是亿万年来，经历了地貌和水文系统等多方面共同作用演化而来的。

1. 地貌演化

天生三桥喀斯特系统的地貌格架是在燕山运动以后形成的。

图 4-23 龙水峡飞天悬瀑

自新生代的喜山运动后，在各方面复杂的作用下，经历了一系列显著的地貌发育阶段。总的来说，可以主要分为大娄山期、山原期和峡谷期：

（1）大娄山期

大娄山期地貌形成时代约从中生代末至古新世，是一历时很长的地表剥蚀夷平时期。经过长期削高填低的作用，使地表形成和缓起伏的丘陵状地貌。目前这一时期的地面已属残留地面，仅在一些较高的分水岭带部分有所保留。

（2）山原期

山原期是一重要的地貌发育时期。从大范围看，自始新世以来，印度洋板块向北俯冲，导致青藏高原快速隆起和喜马拉雅山的形成。这次构造运动被称为"喜山运动"，通常被分为三期（或称三幕）。早期的喜山运动（第Ⅰ幕）发生于始新世晚期至渐新世中期，不仅形成雄伟的青藏高原雏形，而且破坏了大娄山期在本区形成的剥蚀残余地面形态，形成了新的褶皱和断裂。

此后一直到上新世末，地壳又一度趋于相对稳定。这一时期，气候较为湿热，活跃的风化作用、流水作用及喀斯特作用，共同塑造现今尚大量保存的山原期地面，以大型盆地、宽谷等形态为代表。这一时期的残留地面主要分布在广阔的分水岭地区，海拔在 1200 米左右。在喀斯特区常形成浅覆盖喀斯特，其表面的喀斯特景观并不突出，也不典型，但其下的喀斯特发育却十分强烈。

山原期地貌的最后完成时间是在上新世晚期，按照现在对第四纪开始时间的认定，此期地貌形成的下限时间在距今 260 万年左右。

（3）峡谷期

最近一期的喜山运动主要发生在上新世晚期至第四纪早期（2.6 百万年），并持续至今。总的特点是频繁的构造隆升和较为短暂的相对稳定时期的相间出现，以及气候的冷暖交替变化。此期地貌没有形成大娄山期和山原期那样宽缓的夷平地形，而是以河流下切作用为主导。此运动开始时（更新世早期），在天生三桥一带的河流两侧形成较宽的谷地。此后贵州发生了一次强烈的构造运动，大大强化了贵州高原自西向东大面积、大幅度的掀斜抬升，武隆地区也经受了与之相应的构造变动。一是将以前形成的大娄山期和山原期地貌抬升到不同的高度，二是乌江水系开始在山原期地面上往下深切。山原期形成的剥蚀残余地面由于第四纪以来地壳大幅度的间歇性抬升，从而导致喀斯特地貌表现出向深性和叠加发育的特点。地下河袭夺，使地表水和地下水的径流方向与通道不断发生改变，水量重新分配，从而形成了多期发育的伏流、多层洞穴，并最终形成现在的峡谷、天生桥、天坑和复杂的洞穴。

在第四纪期间，虽然古气候有过冷暖交替，但未曾受到第四纪大冰盖的作用，所以新近纪以来（甚至更古老）所形成的喀斯特形态都得以完好保存。地表和地下喀斯特的长期协同作用，加上第四纪时的新构造抬升，都使得天生三桥喀斯特地质遗迹的体量更巨大、形态发育得愈加完美。

2. 水文系统演化

喀斯特的形成离不开水文条件，要形成峡谷喀斯特，更需要有利的气候与充沛并长年不竭的地面河道径流和侵蚀力，同时还要配合地表深切和地表地下统一排水基准面的长期大幅度下降，为喀斯特峡谷的纵深发展创造强劲的水动力条件。天生三桥喀斯特系统处于巨大的单斜山山坡上，而位于地形高处的是大面积分布的下志留统罗惹坪组砂页岩和二叠系灰岩地层，有页岩、煤系和黄铁矿等夹层存在，来自这些地区的水流（外源水），对天生桥喀斯特峡谷的形成具有重要促进作用。它们一方面提供了充沛且长年不竭的径流；另一方面这样的外源水具有较低的矿化度和较高的非饱和度，对碳酸盐岩具有较强的溶蚀能力，对形成巨大的伏流通道十分有利。同时，在相当长的一段时期内，地下统一排水基准面的下降与伏流（河流）的侵蚀下切速度保持协调，从而形成深切峡谷，并造就了天生桥、天坑的巨大高度（深度）。

峡谷期（三峡期）是喀斯特水文地貌系统发育演化的主要阶段。此时天生三桥喀斯特大致经历了以下五个阶段：

（1）第一阶段

早期地表河形成。大约在上新世中晚期，早期地表河发育，其位置与现今的羊水河大致相同，当时河流宽谷（谷底现已被抬升到海拔1160米高程以上）的谷坡上已发育有七十二岔洞，现今洞底高程为1169米，且为流入型洞穴，该洞穴当时应位于河谷之中，洞内现保存的砾石层中的大砾石的直径达0.5米，可见形成洞穴时水量之大。此时，构成天生桥的岩层还处于这一古老河谷谷底之下，在其内发育有全充水的潜水带洞穴。这一古羊水河从南东方向折向东，排往老盘沟，因为在这一时期，东面的老盘沟是天生桥一带的地方性侵蚀基准面，向此方向流动，水力坡度最大。

（2）第二阶段

天生三桥—白果峡谷状伏流形成。随着地壳上升，地下水位下降，羊水河在天生三桥上游潜入地下变为伏流，伏流轨迹大致为龙桥—麻园子—王家坝。伏流出口在王家坝一带，王家坝至白果所在地这一段谷地为古地表河床。在这一阶段中，在现在的天生三桥所在处，原先在地下深处形成的潜流带洞穴的一部分成为伏流通道，并在大量外源水的作用下，不断扩大。天龙桥旁的迷魂洞曾一度作为伏流的主要流路，迷魂洞现今高出天龙桥桥底120米；在神鹰天坑南侧高程为938米的垭口内亦残留有古老伏流的遗迹。在此后相当长的一个时段内，当地排水基准面的下降与河流（伏流）的侵蚀下切速度相协调，形成深切的峡谷状伏流洞穴通道。

（3）第三阶段

天生三桥雏形和天坑形成。龙水峡以下的河段是发育在侏罗系中的地表河，由于溯源侵蚀，其源头延伸至龙水峡所在的喀斯特区，从而在龙水峡处形成控制羊水河伏流的新的排泄基准，龙水峡下游端点的海拔约 520 米，低于天龙桥 390 米。羊水河流域的水流向其汇集，从而引起一系列的地貌响应过程：首先是伏流流出点下移至白果一带；王家坝以下的地表河下切，使原来的谷底成为阶地；其上游的伏流通道大部分发生崩塌；天生三桥一带所受影响相对较小，亦引起伏流的进一步向下深切，局部地段发生顶板崩塌，神鹰天坑和青龙天坑在此阶段形成，与之相应，残留下来的未塌落的伏流通道的顶板便成为今日天生桥的"桥面"。

（4）第四阶段

现代河谷持续深切。中更新世晚期以来，由于地壳持续抬升，乌江峡谷进一步下切，老盘沟也随之加深其河谷，区域地下水位的下降使天生三桥以上的羊水河水流顺应最大的水力坡降方向，形成新的地下潜流。从目前掌握的地貌现象推测，在这一阶段，地下水从天生三桥一带直接沿东南方向，途经哈子岩、大岩脑、贺家坨、大龙洞一带，流向龙水峡。这一新的地下水流场，为形成那一带的洼地和大型塌陷漏斗创造了有利条件。而对天生三桥来说，峡谷中的水流的减少，对天生桥形态的保存反而起到有利作用。因为，如果水流过大，就可能大大增加洞穴通道的宽度，宽度过大则可能导致洞顶失稳而发生大规模的崩塌。在这一阶段，峡谷河床水流还把天坑的崩塌物溶蚀和移走，并形成了由冲积层覆盖的平整的河床。所以，现在的峡谷底部并未见有大量的崩塌堆积物。

（5）第五阶段

乌江对本区地下水系的袭夺。晚更新世以来，本区的喀斯特含水层仍在不断发展、变化和调整之中。羊水河上游地表水流入喀斯特含水层的位置不断地向补给区溯源后退，目前已后退到猴子坨伏流入口、下干沟落水孔等处，这种地下水不断溯源侵蚀和地表水流入（地下）点的不断后退的趋势似仍在继续。另外，由于地下水总是朝水力坡度最大的方向运动，地下径流在平面上存在不断截弯取直的演化趋势，最终导致羊水河上游的地下水再度改道，直接由落水洞进入地下，基本沿着岩层的走向，再向西南方向径流，最后在武隆城区西北方 4 千米处的老龙洞直接排入乌江。从下干沟落水孔进入仙人洞的大部分水流，也都从仙人洞底再次潜入地下，进入更深的含水层，仅有少量水流从仙人洞口排出，汇入羊水沟。

从以上的水文—地貌演化历史分析可知，区内地表（地下）水流的方向和迹线，经历了由西往东至老盘沟、由西往东再转向南至白果、由天生三桥向南至龙水峡、由猴子坨向西南至乌江这一系列的演变过程，总的趋势是追寻最大水力坡度的方向，不断截弯取直，最终直接流向乌江。可见，正是喀斯特地区地下、地表径流的相互转换，导致天生桥这一段地下地形向地表形态的转换，从而最后形成现今的峡谷、天生桥和天坑三位一体的共生共存关系。

以上对于天生三桥喀斯特峡谷系统形成、演变的有关论述，仅仅是初步研究成果。只有深入开展专题研究，进一步加强地貌年代学研究，提高年龄测定、判定精度，才有可能更好地认识大自然真正的演化发展过程。

后坪侵蚀型天坑喀斯特系统

目前，武隆喀斯特三个系统共有 10 个天坑，在世界天坑领域中占有十分重要的地位，包括塌陷天坑、冲蚀天坑、年青天坑、成熟天坑和退化天坑等多种类型，其中后坪箐口天坑群，由年青至成熟天坑组成，共有箐口、牛鼻子、打锣凼、天平庙、石王洞等 5 个天坑，口径 100 ~ 380 米，深度 200 ~ 420 米；青龙、神鹰天坑位于羊水河峡谷中，为成熟天坑，口径 260 ~ 522 米，深度 275.7 ~ 284.7 米，与三座天生桥相间分布，是峡谷状伏流崩塌成因的生动范例；中石院、下石院天坑口部面积为 27.82 万平方米、35.21 万平方米，深度为 213.7 米和 373 米，是目前世界上诸多典型天坑中面积最大的退化型天坑。（图 4-24）

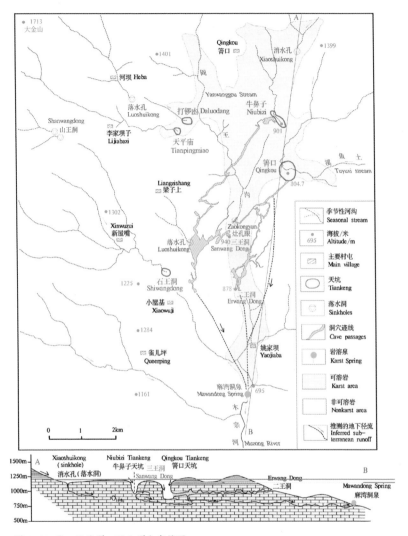

图 4-24 箐口天坑群、洞穴群分布简图

后坪冲蚀天坑喀斯特系统位于武隆区东北的后坪乡，毗邻丰都县和彭水县，面积 38 平方千米。后坪片区山区气候特征十分明显，冬季阴冷，常有降雪，区内平均海拔 1100 米，年降水量 1080 毫米，全年无霜期 210 天，湿度 78%。

后坪片区的地貌特征与天生三桥片区相似，属缓丘—峡谷地貌，但该喀斯特系统范围内的大部分地表地形与水文都呈现出非喀斯特地区的特征，即沟谷纵横，水文网密布（树枝状），侵蚀地形占优势。具有如此特殊的地质地貌和水文地质条件，使得该喀斯特系统在国内外相当罕见而稀有。

后坪天坑喀斯特系统发育于奥陶系石灰岩中，由天坑、竖井、落水洞、地缝式盲谷、化石洞穴、地下河及喀斯特泉等构成。在后坪片区已发现的天坑包括箐口、牛鼻子、石王洞、打锣凼、天平庙等 5 个，它们已发展至浩大的空间规模，一般直径和深度都达百米以上，有的甚至拥有地下河或是多层化石洞穴与之"配套"。后坪天坑的最大深度在 200 ~ 420 米之间，坑口面积 2.6 万 ~ 4.1 万平方米，容积 3.5 万 ~ 10.4 万立方米。其中又以箐口天坑形态最为完美，其坑口呈椭圆形，最大和最小深度分别为 295.3 米、195.3 米，自坑口视之，绝壁陡直，天坑深不可测，奇险无比。自坑底仰视，四周绝壁直指天穹，引颈仰视，白云悠悠，天空湛蓝，给人以超然物外、远离尘嚣的感觉。

令人费解的"侵蚀"现象（图4-25—图4-30）

"侵蚀"并非人们想象中那么难以理解，这其实是在诠释一个物理现象与化学现象相结合的过程。俗话说"水滴石穿"，而武隆后坪侵蚀性天坑群则是将"水滴石穿"这个物理现象进一步升级到化学现象的典范之作。

它属于地表水侵蚀型成因天坑，即由地表外源水流的集中冲蚀（侵蚀）与溶蚀作用形成的天坑，天坑本身就是地下河的发源地，形成"流入型"洞穴和"起源式"地下河。这是目前国内已发现的唯一的侵蚀型成因天坑群，并具有完整的系统性和发育的阶段性，在国内外甚是罕见和稀有（图4-25）。

在世界上目前已发现的约75个天坑中（其中在中国境内有46个），除后坪天坑群一例外，其余悉数为塌陷型天坑。可见，若塌陷天坑在喀斯特现象中是"鹤立鸡群"，那么，侵蚀型天坑更是"凤毛麟角"了。武隆后坪的箐口天坑不仅成为最新近年代喀斯特强烈发育的生动范例，还为天坑及洞穴系统研究指出一条新的道路。

据目前的研究，侵蚀型天坑的形成条件主要有：

（1）岩性分布的二元结构，即地表为非喀斯特岩层（砂页岩），下部为巨厚的碳酸盐岩层。产状平缓的岩层为最佳条件。

图 4-25 二王洞与箐口天坑交界处的洞口

世界遗产在武隆

图 4-26 后坪—天平庙天坑

图 4-27 箐口天坑俯瞰

图4-28 斧口天坑瀑布

图 4-29 石王洞天坑

图 4-30 二王洞洞口

（2）地表非喀斯特岩层中的水文网，在其中游或下游部分已深切到碳酸盐岩分布的空间界面位置，并在沟床中形成集中流入的落水洞或竖井。

（3）下伏的碳酸盐岩含水层已被更深切的河谷切穿，并在含水层中形成厚度足够并完全开放的包气带。为此，新构造上升区是最为有利的。

（4）地下洞穴或地下河系统得以与天坑同步发育。

（5）地表外源水有足够的水量或工作能量。为此，湿润多雨的热带、亚热带气候条件是必要的（年降雨量应在1000毫米以上）。

（6）最后是有足够的凿井式冲蚀作用的时间。

后坪天坑喀斯特系统位于长江、乌江分水岭地段，深切的木棕河的源头；岩性为二元结构；下奥陶统至寒武系的厚层灰岩有局部裸露；喀斯特含水层被切开；并形成了厚度在200米以上的包气带；为开放的畅排水文地质系统；当地年降水量在1500毫米以上，具备了侵蚀天坑发育的各项条件。其中多项是特殊的、罕见的条件。同时，在武隆多个共同由大面积地壳抬升运动导致形成的喀斯特系统中，后坪天坑喀斯特系统的发育年代应该是最晚近的。

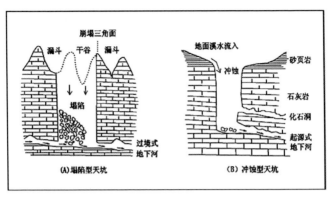

图 4-31 塌陷天坑型与冲蚀型天坑成因差异示意图（据朱学稳等，2005）

天坑的孕育过程

目前对于后坪喀斯特系统的侵蚀成因，尚有不同的意见与认识。美国专家 Tony Waltham 在考察中曾看到一个庞大的地下洞穴系统的存在，因此认为洞穴应起源于天坑之前，就像塌陷型天坑那样，洞穴（地下河）的存在为"因"，天坑的形成为"果"。而中国洞穴专家朱学稳对后坪喀斯特系统的判断是，天坑与洞穴（系统）的发育与形成是"同时态的"，即二者互为因果。朱教授认为，塌陷天坑的地下河是"通过式"，而侵蚀天坑的地下河则是"起源式"。

相较后坪喀斯特系统的侵蚀原因的种种争论，分析侵蚀型天坑的形成原理要容易得多。侵蚀型天坑的形成显然经过落水洞→竖井阶段。但并非所有落水洞或竖井都会发展为天坑，主要控制条件是流入水流流量或侵蚀能量的大小和作用的持续时间。在本区的每条沟溪上，凡汇水面积较小或相对位置较高的，均仍保持为落水洞形态（当沟底切割深度达到下伏灰岩分布标高时，落水洞便可形成）。

根据现有资料分析，后坪侵蚀型天坑喀斯特的形成过程大致如下：

（1）前期阶段

本喀斯特系统所在地的箱状背斜轴部覆盖的厚层志留系砂层页岩被剥蚀。在本阶段的末期，乌江支流木棕河水系已基本形成，其源头已初现窗口式灰岩出露。但仍是完整的地表水系，区域排泄基准大致在现今海拔1100米左右的剥蚀残余地面上，属"山原期"末期地貌，完成年代应在新近纪上新世晚期。

（2）落水洞、竖井发育阶段

新一轮地壳抬升的影响已波及木棕河的源头，窗式灰岩露头的面积不断扩大，区域排泄基准间歇性从1100米左右降至850～950米，使灰岩含水层中的包气带持续增厚。地面沟床的石灰岩段形成落水洞并逐步扩大为竖井。同时，地下水流在灰岩含水层中循着裂隙（层理及节理等）向现今海拔800～900米的排水基点运动，逐步形成地下洞穴系统。本阶段的旺期应在早更新世晚期至中更新世早期。

（3）天坑及地下洞穴系统形成阶段

在地壳抬升的相对稳定期，竖井的侧向扩大作用大于垂向加深，天坑规模得到发展。同时，地下裂隙水流在相互袭夺、遗弃和协同的系统化作用中形成成熟的洞穴系统。该阶段的早期，箐口天坑和牛鼻子天坑的排水洞穴系统基本上是独立的，即分别是二王洞（标高 878 米）和三王洞（标高 940 米）系统。地壳的几度上升和相对稳定，使天坑群不断加深，并形成洞穴系统的多层性（化石洞穴系统由 3 ～ 4 层构成）和各子系统的相互联结。随着木棕河峡谷的加深，排水基面的进一步下降（下降 100 ～ 200米），喀斯特地下水的运动与循环也从早期子系统的分散排泄，归并和系统化为在木棕河峡谷中的麻湾（化石）洞（标高为 750 米）集中排泄。本阶段相当的地质年代应是中更新世早期至晚更新世晚期。

（4）天坑加深和新落水洞与竖井发育阶段

木棕河峡谷深切；汇水区内地表沟谷的溯源侵蚀的加深（甚至有阎王沟峡谷式盲谷生成）；谷底石灰岩层逐步被溶（侵）蚀和搬云；灰岩含水层包气带厚度的增长：这一系列由新一轮地壳抬升所引起的喀斯特发育环境的变迁，导致天坑的持续加深，新生落水洞沿谷底的溯源扩展，以及地下水流的向深适应和全系统地下水集中排泄于木棕河峡谷中的麻湾洞泉（该系统最低点，标高 750 米，流量 1 ~ 30 立方米 / 秒）。本阶段的地下洞穴发育尚处于近补给源（天坑、竖井）段为地缝式峡谷，其余为扩大裂隙的状态，其年代应是自晚更新世晚期以来至今。

天坑带给世界的思考

在发现后坪箐口天坑之前，世上并没有"侵蚀型天坑"这一说法，人们想当然地认定天坑都是由于坍塌倒成的。然而在大自然的神奇面前，人的想象力始终显得苍白。后坪天坑发现后，让众多学者专家目瞪口呆。

作为世界上首次发现的侵蚀性成因类型的后坪天坑，对天坑的科学发现与研究，对洞穴学、喀斯特学和喀斯特水文地质学等许多相关学科的发展，都形成重要的影响与有力的推进：

（1）天坑形成条件与区域分布规律的研究，必将推进区域喀斯特研究的发展，甚至还可由此发现喀斯特的新类型。塌陷天坑主要形成和分布于巨厚的可溶性岩大片裸露的河谷深切（地壳上升）区，在我国，还与南方的峰丛地貌景观结下"不解之缘"。而侵蚀型天坑则出现在覆盖型喀斯特区，是在下伏可溶性含水层的局部从侧向被打开的条件下形成的，或可将侵蚀天坑发育的这一特殊情况称作"天窗喀斯特"（window karst）。后坪天坑的发现，为我们研究这一特殊喀斯特类型提供了范例，开拓了思路。

（2）从发生学考量，凡天坑，不论是塌陷型的还是侵蚀型的，均不是个别的喀斯特现象，而是一个生成系统。对塌陷天坑来说，是天坑—地下河（洞穴）系统。而对侵蚀天坑来说，则是地表外源水—天坑—地下河（洞穴）系统，比起塌陷天坑的形成系统更具有空间立体化的特性。天坑形成的系统观和系统研究，将会促进人们对喀斯特作用的本质、过程及发展与演化规律的认识；无论哪类天坑的生成，都与地下河有着不可分割的关系。塌陷天坑的破坏之源，来自地下河的水动力活动，凡天坑的物质输出也都由地下河完成。所以天坑的发现，必将推动地下水流的水动力学、物质喀斯特化的迁移方式和速度等方面的深入研究。

（3）后坪天坑打破了人们以为天坑只有一种成因的既定思想。"erosional tiankeng"（侵蚀天坑）一词的出现，使不少学者感到诧异。当他们在后坪实地考察之后，便一致认可了。由于地面水的流入而形成的落水洞、竖井，在喀斯特区十分常见，但形成后坪所见的大型天坑，以至天坑群，在世界上则是极其罕有的。后坪侵蚀天坑群的发现，将会加深科学家们对喀斯特作用中溶蚀（solution）与侵蚀（erosion）作用机理及其相互间辩证关系的认识与理解，并填补了以侵蚀作用为主导形成的巨型喀斯特形态的空白。

（4）后坪天坑位于长江和乌江的分水岭地段上，下伏碳酸盐岩层的被剥露，特别是河谷的深切，含水层的开放和包气带的形成等，在当地喀斯特发育中，时间上均应相对滞后，这应该是一个最新近的喀斯特发育系统。这一属性，在长江三峡地区第四纪以来的地壳上升史以及喀斯特发育相对速度的研究方面，均有重大意义。

 延伸阅读

武隆的其他地质遗迹及风景名胜

除了让人惊叹的芙蓉洞芙蓉江喀斯特系统、天生三桥喀斯特系统和后坪侵蚀型天坑喀斯特系统外，著名的乌江峡谷（古人云"除却扬子三峡美，更有乌峡多奇观"）和素有"东方瑞士"之称的仙女山森林公园纷纷为武隆这幅神奇的画卷献上浓墨重彩的一笔。

乌江峡谷（乌江画廊）

乌江古称黔江、枳江、涪水，发源于贵州高原乌蒙山麓的草海，自西南向东北奔腾于大娄山系和武陵山脉之间，在重庆市涪陵城下汇入浩瀚的长江，是长江三峡库区最大支流，全长1050千米，支流遍及云南、贵州、湖北、重庆四省市，是总流量仅次于长江和黄河的黄金水道之一。因发源于贵州乌蒙山麓而得名，以其险闻名于世，故有"天险"之称。乌江流域气候温润，物产富饶，旅游资源丰富多彩。流经渝、黔两省市14个区县，有土家族、苗族、彝族、布依族、仡佬族等8个少数民族自治县，流淌着浓郁的民族风情。

"乌江画廊"位于贵州省和重庆市境内，概念上通常指乌江与长江交汇处的涪陵至贵州沿河县城通航河段，全长334.6千米，素有"乌江天险"和"千里乌江，千里画廊"之称，是以天险乌江及其支流两岸风光带为主，辅以浓郁的民族风情的旅游风景区，连接长江三峡、张家界、梵净山等著名景区，具有发展区域旅游的良好条件。

"乌江画廊"不是三峡胜似三峡，从自然地理的角度看，画廊的形成源于喀斯特地貌的演化过程。乌江从云贵高原东部向渝东南山地过渡，在化屋基以上为上游，化屋基至思南为中游，思南以下为下游。上游平缓、下游陡，呈反平衡剖面特征，所以，乌江画廊的景观主要集中在下游，长期的侵蚀作用形成的"U"形谷、"V"形谷组合成连续的旅游"乐章"。沿途接纳的众多支流，为乌江峡谷增添了更丰富的"间奏"，构成了千里画廊的地质之美。

20世纪90年代末，人们谈论最多的是旅游开发，从前的贫困守望变成了今天审美的富饶，石漠化的贫瘠变成了"喀斯特"的千里画廊。千里乌江、千里画廊，山重水复，集雄、奇、险、秀、幽于一江。"无限风光使人醉，如画江山君子游"，"船在画中行，人在画幅中"。不同的河段有不同的精彩，不同的地域也因为"家乡的情怀"推出自己对发展的理解。千里乌江可与长江大三峡、大宁河小三峡一起，构成中国"三峡"完整序列，成为富有特色的"百里画廊"。

仙女山喀斯特剥蚀面高山森林草场（仙女山森林公园）

仙女山喀斯特剥蚀面高山森林草场，地处武隆区乌江北岸，属武陵山脉西麓，位于仙女山林场侯家坝工区。属于武隆区双河乡，距武隆县城28千米，现车程30分钟，距重庆主城区 200 多千米，现车程约 2 个小时。该片森林草场于 1958 年设立国营林场，1999 年被批准为国家森林公园，即"仙女山国家森林公园"，是重庆市旅游开发先期启动的重点项目之一。2000 年，仙女山与芙蓉洞、天生三桥一起获得重庆市"十佳旅游景区"称号。

远望仙女峰，紫烟笼罩，若隐若现，缥缥缈缈，好似一位身披薄纱的仙女，故名"仙女山"。山上为高原草坪，偶有浅丘。平均海拔 1800 多米，最高峰 2033 米，总面积 10000 余公顷，规划面积 4800 公顷。现形成景区面积 400 余平方千米，草场面积近万公顷，森林面积 33 万亩。仙女山国家森林公园占地约 100 平方千米。境内为断层沟谷所分割的高台地，地势广阔而舒缓，具有优良的旅游开发条件，年平均气温 20℃，以其江南独特的高山草原，南国罕见的林海雪原，清幽秀美的丛林碧野和美丽动人的仙女传说形成独具特色的旅游魅力，被誉为"东方瑞士"。

仙女山的林海、奇峰、草场、雪原被游客称为四绝。登峰远眺，起伏而又不失平坦；万峰林海，苍翠欲滴；镶嵌在山林之间的辽阔草场，野花似锦、延绵天际、牛羊荡漾其间，如诗如画；山峰、山谷、森林与草原浑然一体，交相辉映，给人以阴柔与阳刚相济的和谐美。游人骑上骏马游弋在蜿蜒的丛林小道上，在茫茫林海中穿梭驰骋，令你独享浓郁的南疆风情；驾驶着卡丁车、越野车狂驰在辽阔的赛道上，让你狂放不羁的欲望尽情释放，真可谓"幽谷览胜景，原野纵豪情"。

仙女山现有景点50余处，已开发20余处，主要景点有：狮子岩、仙女石、侯家山庄、九把斧、四川省工农红军第二路游击队司令部政治部旧址、林海、草场、度假村、帐篷村、野味火锅城、猎人村等。通天塔观日出和云海，仙女池垂钓，巴人村探幽，原始森林观野生动物，菩萨坨拜佛。冬季滑雪赏雪。林海雪原、烟波皓渺、奇峰险关构成一幅精美绝伦的人文景观。

环境保护专家凯西亚·冯表示："世界上有几千个濒临消失的景点，由于全球变暖、污染及伐木，加上一些地区不断开发、大建酒店吸引游客，不少景点已变得面目全非。"

第五章

遗产保护，全人类永恒的主题

通常，人们对"遗产"下的定义是："我们从过去继承下来的，对此我们目前正在享用并要传给后代的，让他们学习、赞叹和享用的东西"。在词典中"遗产"的解释为："被继承下来的东西"。

在我们身边，或许会有考古地点和岩画艺术遗址，或许是一所教堂、一座历史名城等，这些祖先的伟大杰作，我们称之为文化遗产，如故宫。又或许我们生活在丛林附近，或紧邻美丽的海边，这些大自然的神奇造化，我们则称之为自然遗产，如九寨沟。同时，还有一些景致，既受到大自然青睐又凝聚了先人们的无穷智慧，如泰山。

面对这个世界孕育的种种神奇，我们心怀敬仰地从前辈手中接过，又满怀祝福企望将它们传承下去。然而，随着城市化进程以及旅游的过度开发，越来越多的世界遗产正在或即将消失，这些自然界留给我们的珍贵遗产正面临着严重的威胁。

危急中的世界遗产

世界遗产是人类宝贵的文化财富，然而在过去烽火狼烟的岁月里，它们都遭到了很多劫难。伊拉克战争毁掉了伊拉克国家图书馆、巴格达国家博物馆和传统音乐学院。具有 1500 多年历史的阿富汗巴米扬大佛（图 5-1），被人为地无情摧毁。这座世界最高的石雕，已经变成一片废墟，成为人类文明的悲剧。而非洲维龙加、卡胡兹－别加和萨龙加 3 个国家公园特有的大猩猩，则因为连绵不断的战争带来的生态环境的极度恶化，时刻面临绝迹的厄运。

除了战争带来的危害，和平年代人们对世界遗产的毁坏更叫人心疼。

坐落在中国西南的云南丽江古城是中国纳西族人的居住地（图5-2），有 800 多年的历史，也是中国 5000 年文明的骄傲和一个缩影。虽然丽江古城曾遭到过多次大地震的破坏，但如今依然伫立在那块古老的土地上，并于 1997 年被评为世界文化遗产。

图 5-1 阿富汗巴米扬大佛

图 5-2 丽江古城

然而，现在古城内几乎看不到原住居民——纳西族人，原来的原住居民房被改成了商铺，商家可以随意根据商业需要进行装修；原来的古城树木几乎看不到了，大部分被新种植的树木所取代；纳西族男人悠闲时所表现的琴、棋、书、画、烟、酒、茶现象也看不到了；纳西族女性所表现的母系氏族的特点也看不到了……与丽江情况相仿的还有印度尼西亚的婆罗浮屠寺庙群。婆罗浮屠寺庙群每年要接待数百万游客，但是那个地方气候潮湿炎热，为了游客的舒适，旅游车司机往往在等候游客从旅游点返回的过程中一直开着空调，这中间所产生的一氧化碳很可能对这处石头寺庙群造成难以言喻的破坏。

在中国，近年来一些世界遗产地申报成功之后知名度大增，游客蜂拥而至。然而，在取得显著的经济效益和社会效益的同时，世界遗产所面临的威胁也接踵而来，其主要原因包括：

（1）自然灾害的破坏，即由于自然原因，如气候、地震、虫害、暴雨、风化等，对遗产造成的破坏。如安徽西递、宏村，两村主要为明清时期砖木结构的古民居建筑群，当地潮湿的气候以及白蚁均对古民居造成了威胁。据当地政府提供的一份东南大学建筑系 2000 年 9 月的专项调查报告显示，西递村 90% 以上、宏村 80% 以上的古建筑受到了白蚁的侵蚀，加上山区气候潮湿，许多建筑面临倒塌的危险。

（2）人为灾害的破坏，即因放火烧山、清明祭祀、儿童玩火、电路老化等原因引起的人为火灾以及砍伐盗伐、工程设施、外来物种的引入等多种原因对自然生态、历史古迹形成的严重破坏。40多年前，峨眉山金顶四周有着数百年历史的原始冷杉十分茂密，树干直径大多在50厘米左右。但是，自1970年在海拔达3000米的金顶修建了78米高的电视发射塔以后，受其强烈的电磁波辐射加上酸雨酸雾的影响，从20世纪80年代开始，这里的冷杉开始发生变化。先是树尖掉叶干枯，接着是整个树干如同得了癌症般慢慢地枯萎死去，因此最后不得不将电视塔拆除。而2003年1月19日，有着600多年历史的武当山古建筑群重要组成部分之一的遇真宫主殿突发大火，最有价值的主殿三间共236平方米建筑在不到3个小时的时间内全部化为灰烬，而引发火灾的主要原因就是该殿被非法租用且因照明线路搭设不规范而引发火灾。

（3）违法采掘的破坏，即在风景区内的矿藏开采、道路建设、工程设施等形成环境破坏和景观"疮斑"。如修建泰山中天门索道的上站就直接对月冠峰的地形造成破坏，裸露的白色山体使巍峨壮观的南天门变得满目疮痍。玉龙雪山的索道在原始森林的绿荫中撕开一条偌大的甬道，引起了小气候的变化，导致山区温度上升，原来终年积雪不化的山峰，在冬季到来前，雪线基本消失。

（4）无序建设的破坏，即景区大规模的违章建设对景观生态、审美视觉形成巨大的负面影响。20 世纪末，联合国教科文组织官员在武陵源进行遗产监测时，对景区的"城市化""人工化"倾向提出了尖锐批评，认为"武陵源的自然环境已变成一个被围困的孤岛，局限于深耕细作的农业和迅速发展的旅游业的范围内""在峡谷入口区和天子山这样的山顶上，其城市化对自然界正在产生深度尚不清楚的影响""将道路和旅馆糟糕地定位于索溪峪溪边，给河床挤窄的地方造成危险隐患"。此后，张家界市耗资近 10 亿元用于恢复核心景区原始风貌。

（5）历史风貌的破坏，即历史文化街区的现代建筑对古街历史风貌和意境的破坏。如安徽西递、宏村开始申报世界遗产以来，共发现私拆乱建 73 处。在西递村查处的 37 处违章建筑中，以营业为目的的有 17 处。在宏村查处的 36 处违章建筑中，以营业为目的的有 16 处。另一方面，由于人口增长，居民实际的住房需求与古村落保护发生矛盾，为解决基本居住问题，出现了在原本规整的院落中加盖、分割传统民居，以及使用大量新构件的现象；此外，随着生活水平的提高，居住在古民居中的居民迫切希望改善居住环境，因此对古屋进行改建，甚至拆除另建新房。上述两种情况在众多的文化遗产地大量存在，很大程度上已经损害了遗产的真实完整性。

（6）外围环境的破坏，即混乱的土地利用、杂乱的环境对历史文化建筑和街区形成的整体环境破坏。例如八达岭长城脚下本已店铺林立，又修建了与长城历史文化毫不相干的索道、熊乐园、蜡像馆、公墓，甚至还有开发商称将在此地修建300余套欧美风格的别墅。这些建筑严重损坏了长城作为中国国家精神象征的整体环境。

除此之外，一些地方和领导对世界遗产的认识不到位，将世界遗产这种不可再生的文化资源完全等同于一般的经济资源而且是无成本的经济资源，完全以旅游价值取代了历史文化和科学价值。世界遗产被当作地方的"金字招牌"和开发商的"摇钱树"，有的地方政府公然要求遗产地几年内要成长为当地财政的"顶梁柱"，市场化炒作，商业化经营，更有甚者将世界遗产当作地方或私有商品捆绑上市，发行股票，导致世界遗产遭受无法挽回的破坏。如泰山的3条游览索道对泰山景观以及生态环境造成严重影响；敦煌莫高窟由于游客过多，游人呼出的二氧化碳和光线的影响造成壁画变色剥落，仅数十年间的人为损坏就远远超过去几百年来的自然侵蚀。

同时，人民对世界遗产的忽视也是世界遗产面对的巨大威胁之一。许多人还没有认识到国家自然文化遗产是全体国民及他们子孙后代的共同财产，自己既有欣赏之权，也有真实、完整的保护之责。

再见，乞力马扎罗的雪（图5-3）

美国著名作家海明威曾在短篇小说《乞力马扎罗山的雪》中写道："乞力马扎罗是一座海拔19710英尺的常年积雪的高山，据说它是非洲最高的一座山。西高峰叫马塞人的'鄂阿奇—鄂阿伊'，即上帝的庙殿。"字里行间处处透露着他对乞力马扎罗山的皑皑白雪的心驰神往。

乞力马扎罗山的名称来源于当地的斯瓦希利语，意思是"灿烂发光的山"。站在远处看乞力马扎罗，蓝色的山基赏心悦目，

图 5-3 乞力马扎罗的雪

而白雪皑皑的山顶似乎在空中盘旋。常伸展到雪线以下缥缈的云雾，增加了这种幻觉。山麓的气温有时高达59℃，而峰顶的气温又常在-34℃，故也有"赤道雪峰"之称。在过去的几个世纪里，乞力马扎罗山一直是一座神秘而迷人的山——没有人真的相信在赤道附近居然有这样一座覆盖着白雪的山。殊不知，若干年后这块神奇之地正在消失。由于全球气温升高和变化无常的气候模式引发不可预测的降水，导致冰山融化，历史古迹遭到腐蚀，坦桑尼亚境内的乞力马扎罗山的情况就是最典型的例证。2002年，俄亥俄州立大学地质学教授朗尼·汤普森公布的一项研究报告表示，乞力马扎罗山冰原在1912年至2000年间融化了82%。

与乞力马扎罗山同样处于濒危的还有澳大利亚大堡礁，由于海洋气候不断升高，迫使赋予珊瑚颜色的藻类离开水螅型珊瑚虫，结果造成大批珊瑚死亡，这片世界上最大的海洋生态系统也正遭受着前所未有的威胁。

据联合国教科文组织世界遗产中心介绍，处于危险之中的著名景点还包括尼泊尔的加德满都山谷、秘鲁的昌昌考古遗址、圣劳拉硝石采石场遗址、智利亨伯斯通、耶路撒冷古城及其城墙……一串串名字让人触目惊心。环境保护专家凯西亚·冯表示："世界上有几千个濒临消失的景点，由于全球变暖、污染及伐木，加上一些地区不断开发、大建酒店吸引游客，不少景点已变得面目全非。"

为了引起全世界的注意，呼吁人们采取紧急措施，世界遗产委员会设立了濒危世界遗产名录。在紧急情况下，世界遗产委员会可以在任何时候把面临毁坏危险的遗产列入濒危遗产名录。有濒危遗产的国家、世界遗产委员会成员或世界遗产委员会世界遗产中心则可以提出对濒危遗产的援助申请。与此同时，世界遗产委员会每年都要发布一份濒危景点名单，一般会有 25 处到 35 处景点入选。这些被列入濒危世界遗产名录的遗产在具备世界遗产资格的同时，还面临着严峻的被毁坏的危险。这些危险包括：蜕变加剧、大规模公共或私人工程的威胁、城市或旅游业迅速发展带来的破坏、未知原因造成的重大变化、随意摈弃、武装冲突的爆发或威胁、火灾、地震、山崩、火山爆发、水位变动、洪水、海啸等，如美国佛罗里达州的"大沼泽国家公园"曾经历过"城市侵蚀"。这块美国面积最大的亚热带荒地，从 1993 年至今一直被列入《濒危世界遗产名录》中。

当乞力马扎罗的雪渐渐变成只能在海明威的书中才能读到的景色，当越来越多的世界遗产被列入濒危名录，我们除了叹息之外，更应该有所行动。

拯救大行动

两次世界大战后，针对世界遗产在战期间所遭受的破坏，国际联盟（即联合国的前身）开始积极寻求保护世界遗产的方法。1945年联合国教科文组织正式成立，为拯救具有特殊意义的遗产，该组织起草了新的国际公约及保护人类遗产的具体细则，以推动遗产保护工作的进行。

20世纪50年代，在埃及建造阿斯旺大坝的决定引起了联合国教科文组织首次国际性反应，新建的阿斯旺大坝将使菲莱岛上古埃及文明的瑰宝——阿布辛拜勒神庙毁于一旦。（图5-4）联合国教科文组织动员各国都来拯救这一项重要遗产，这引起了世界极大的关注，警示世界需要迅速采取协调的保护行动。经过埃及和苏丹两国政府的呼吁，联合国教科文组织于1959年发起了一场保护阿布辛拜勒神庙的国际性运动。通过努力，联合国教科文组织得到了大约50个国家的支持，在紧急保护运动的18年中这些国家共捐献了大约8000万美元。

现代工程创造了奇迹。菲莱岛上的庙宇经过一砖一石的拆除，又重新耸立在了附近的阿纪基亚（Agikia）岛上，使它完全脱离了尼罗河水泛滥的危险。为了将遗址迁移到该岛上，人们用炸药崩开山石，然后将庙宇的石碑和重石块嵌在用炸药炸出来的石壁上。每个石块重达0.5～12吨之间，需要移动的石块约有4万块。

图 5-4 埃及阿斯旺大坝

每个石块都做了特殊的标记以保证在新址不会错放。

世界上还有很多具有突出普遍价值的遗产，拯救阿布辛拜勒运动显示人们对这些遗产的关注已远远超出了它们所在地的疆土本身。同时，这也显示了世界各国在保护世界遗产时共同承担的责任和团结一致的重要性。

在拯救阿布辛拜勒活动的直接影响和非政府组织——国际古迹遗址理事会（ICOMOS）的协助下，联合国教科文组织开始就保护文化遗产起草公约。

1972年，在瑞典斯德哥尔摩召开的联合国人类环境大会为保护具有普遍意义的文化和自然遗产奠定了国际基础。斯德哥尔摩大会委托联合国教科文组织拟定一个公约，该公约主旨为共同保护世界遗产。

斯德哥尔摩大会结束后几个月（即1972年11月16日），在联合国教科文组织总部巴黎召开的第十七届联合国教科文组织大会上正式通过了《保护世界文化和自然遗产公约》（以下简称《公约》）。《公约》是第一个国际官方文件，它规定了那些迫切需要我们认识和保护的具有普遍价值的、不可替代的文化和自然遗产。同时极力主张，通过国际合作保护我们的文化和自然遗产是我们在道义上和财力上共同的责任。

为了保证《公约》的实施，1976年11月联合国教科文组织世界遗产委员会正式成立，它是由21个成员组成的政府间组织，主要负责执行以下职责。

（1）在挑选录入《世界遗产名录》的文化和自然遗产地时，负责对世界遗产的定义进行解释。在完成这项任务时，该委员会得到国际古迹遗址理事会和国际自然资源保护联盟的帮助。这两个组织会仔细审查各缔约国对世界遗产的提名，并针对每一项提名写出评估报告。国际文物保护与修复研究中心也对该委员会提供建议，如文化遗产方面的培训和文物保护技术的建议。

（2）审查世界遗产保护状况报告。当遗产得不到恰当的处理和保护时，该委员会会让缔约国采取特别性保护措施。

（3）经过与有关缔约国协商，该委员会作出决定把濒危遗产列入《濒危世界遗产名录》。

（4）管理世界遗产基金。对为保护遗产而申请援助的国家给予技术和财力援助。

截至 2019 年 7 月 10 日，世界遗产总数达 1121 项，分布在世界 167 个缔约国，世界文化与自然双重遗产 39 项，53 处濒危，世界自然遗产 213 项，世界文化遗产 869 项。中国拥有世界遗产 55 项，居世界第一，包括 37 项文化遗产，14 项自然遗产，4 项文化与自然双遗产。

濒危世界遗产

截至 2019 年，濒危世界遗产共有 33 个国家的 53 项世界遗产（包括文化遗产 36 项和自然遗产 17 项）。

非洲

所属国家	遗产地名称	类 型	列入时间（年）
尼日尔	阿德尔和泰内雷自然保护区	自然遗产	1992
几内亚、科特迪瓦	宁巴山自然保护区	自然遗产	1992
刚果（金）	维龙加国家公园	自然遗产	1994
刚果（金）	加兰巴国家公园	自然遗产	1996
刚果（金）	卡胡兹—别加国家公园	自然遗产	1997
刚果（金）	俄卡皮鹿野生动物保护地	自然遗产	1997
刚果（金）	萨隆加国家公园	自然遗产	1999
中非共和国	马诺沃—贡达圣弗洛里斯国家公园	自然遗产	1997
肯尼亚	图尔卡纳湖国家公园	自然遗产	2018

所属国家	遗产地名称	类 型	列入时间（年）
坦桑尼亚	塞卢斯禁猎区	自然遗产	2014
塞内加尔	尼奥科罗—科巴国家公园	自然遗产	2007
乌干达	卡苏比王陵	文化遗产	2010
马达加斯加	阿齐纳纳纳雨林	自然遗产	2010
马里	延巴克图	文化遗产	2012
马里	阿斯基亚王陵	文化遗产	2012
马里	杰内古城	文化遗产	2016

阿拉伯地区

所属国家	遗产地名称	类 型	列入时间（年）
耶路撒冷	耶路撒冷古城及其城墙	文化遗产	1982
也门	宰比德古城	文化遗产	2000
也门	城墙环绕的希巴姆古城	文化遗产	2015
也门	萨那古城	文化遗产	2015
埃及	阿布米那基督教遗址	文化遗产	2001
伊拉克	亚述古城	文化遗产	2003
伊拉克	萨迈拉考古城	文化遗产	2007
伊拉克	哈特拉	文化遗产	2015
叙利亚	帕尔米拉古城遗址	文化遗产	2013
叙利亚	布斯拉古城	文化遗产	2013

续表

所属国家	遗产地名称	类 型	列入时间（年）
叙利亚	阿勒颇古城	文化遗产	2013
叙利亚	武士堡和萨拉丁堡	文化遗产	2013
叙利亚	叙利亚北部古村落群	文化遗产	2013
叙利亚	大马士革古城	文化遗产	2013
巴勒斯坦	耶路撒冷南部的橄榄和葡萄园文化景观	文化遗产	2014
巴勒斯坦	伯利恒的耶稣诞生地和朝圣路线	文化遗产	2012
巴勒斯坦	希伯伦／哈利勒老城	文化遗产	2017
利比亚	塔德拉尔特.阿卡库斯石窟	文化遗产	2016
利比亚	加达梅斯古镇	文化遗产	2016
利比亚	萨布拉塔考古遗址	文化遗产	2016
利比亚	莱波蒂斯考古遗址	文化遗产	2016
利比亚	昔兰尼考古遗址	文化遗产	2016

亚洲及太平洋地区

所属国家	遗产地名称	类 型	列入时间（年）
阿富汗	查姆回教寺院尖塔和考古遗址	文化遗产	2002
阿富汗	巴米扬山谷的文化景观和考古遗址	文化遗产	2003
印度尼西亚	苏门答腊热带雨林	自然遗产	2011
所罗门群岛	东伦内尔岛	自然遗产	2013

所属国家	遗产地名称	类 型	列入时间（年）
密克罗尼西亚	南马都尔：东密克罗尼西亚庆典中心	文化遗产	2016
乌兹别克斯坦	沙赫利苏伯兹历史中心	文化遗产	2016

亚洲及太平洋地区

所属国家	遗产地名称	类 型	列入时间（年）
塞尔维亚	科索沃的中世纪建筑	文化遗产	2006
美国	大沼泽国家公园	自然遗产	2010
英国	利物浦海上商城	文化遗产	2012
奥地利	维也纳历史中心	文化遗产	2017

拉丁美洲及加勒比海地区

所属国家	遗产地名称	类 型	列入时间（年）
秘鲁	昌昌城考古地区	文化遗产	1986
委内瑞拉	科罗及其港口	文化遗产	2005
墨西哥	加利福尼亚群岛及保护区	自然遗产	2019
洪都拉斯	雷奥普拉塔诺生物圈保留地	自然遗产	2011
巴拿马	巴拿马加勒比海岸的防御工事：波托韦洛－圣洛伦索	文化遗产	2012
玻利维亚	波托西城	文化遗产	2014

中国的世遗之路

　　谈到中国世界遗产之路，有 4 位政协委员的名字不能不被提到，他们分别是中科院院士、北京大学著名历史地理学家侯仁之，中科院院士、生物学家阳含熙，国家历史文化名城保护专家委员会副主任郑孝燮和国家文物局古建专家组组长罗哲文。

　　1985 年，正值中国改革开放和社会主义现代化建设开始向新的纵深发展，文化和自然遗产保护事业也面临着如何与国际社会接轨的问题。那年，由侯仁之委员起草，侯仁之、阳含熙、郑孝燮和罗哲文 4 位全国政协委员联名向六届政协三次会议提交了《我国应尽早参加联合国教科文组织〈保护世界文化和自然遗产公约〉，并积极争取参加"世界遗产委员会"，以利于我国重大文化和自然遗产的保存和保护》的提案。正是在这份提案的推动下，同年 12 月，全国人大常委会批准了中国加入这一公约，中国成为世界遗产公约缔约国。1999 年 10 月 29 日，中国当选为世界遗产委员会成员，从而开启了和国际社会一道保护人类共同遗产的历程。

20多年来，中国的遗产保护事业在理论和实践上逐渐与国际接轨，专家队伍成熟壮大，保护手段和设施不断改进。世界遗产专家对中国世界遗产管理模式的创新给予了高度评价，如黄山的保护经验，曾被世界遗产委员会评价为"有许多做法都是实际工作中的创举，应推广到全世界其他遗产地学习和借鉴"。至2003年，中国基本完成了对世界遗产所在的风景名胜区监管信息系统的建设，使世界遗产资源的监管走上了信息化道路。

在遗产保护理念方面，中国与国际社会实现了充分的交流与融合，在世界遗产的申报和监测过程中，逐渐沟通了世界遗产保护与管理的国际通行准则。同时，结合本国文化遗产保护的特点和传统，中国与国际同行合作制定了在国际范围内有重大影响和参考价值的《中国文物古迹保护准则》。

2004年，第28届世界遗产委员会会议在苏州举办，彰显了中国在重要国际事务中的地位和贡献。2005年10月，在西安举办的第15届国际古迹遗址大会通过了全面保护文化遗产及其环境的《西安宣言》，再一次在人类文化遗产保护的历史上留下了中国的印记。通过世界遗产保护工作，中国在全世界正发挥着文化遗产大国的积极影响和建设性作用。

面对保护与管理中国的世界遗产的诸多问题，我们充分认识到保护管理好世界遗产的重要性和紧迫性，坚持在保护的基础上进行科学、适度的利用，处理好长远利益与眼前利益、开发建设与资源保护、发展旅游与维护生态的关系，保持资源的可持续发展普及世界遗产保护的知识和理念。充分利用各种媒体，引导、帮助民众参与世界遗产保护工作，形成政府、非政府组织乃至全社会每个人都关心、爱护并参与遗产保护的局面，这些都是拯救世界遗产的要点。

 延伸阅读

中国的世界遗产名录

1.山东泰山：泰山（山东泰安市）、岱庙（山东泰安市）、灵岩寺（山东济南市），1987.12，文化与自然双重遗产（世界首个双重遗产）

2. 甘肃敦煌莫高窟，1987.12，文化遗产

3. 周口店北京人遗址，1987.12，文化遗产

4. 长城，1987.12，文化遗产

5. 陕西秦始皇陵及兵马俑，1987.12，文化遗产

6. 明清皇宫：北京故宫（北京），1987.12；沈阳故宫（辽宁），2004.7，文化遗产

7. 安徽黄山，1990.12，文化与自然双重遗产

8. 四川黄龙国家级名胜区，1992.12，自然遗产

9. 湖南武陵源国家级名胜区，1992.12，自然遗产

10. 四川九寨沟国家级名胜区，1992.12，自然遗产

11. 湖北武当山古建筑群，1994.12，文化遗产

12. 山东曲阜三孔（孔庙、孔府及孔林），1994.12，文化遗产

13. 河北承德避暑山庄及周围寺庙，1994.12，文化遗产

14. 西藏布达拉宫（大昭寺、罗布林卡），1994.12，文化遗产

15. 四川峨眉山—乐山风景名胜区，1996.12，文化与自然双重遗产

16. 江西庐山风景名胜区，1996.12，文化景观

17. 苏州古典园林，1997.12，文化遗产

18. 山西平遥古城，1997.12，文化遗产

19. 云南丽江古城，1997.12，文化遗产

20. 北京天坛，1998.11，文化遗产

21. 北京颐和园，1998.11，文化遗产

22. 福建省武夷山，1999.12，文化与自然双重遗产

23. 重庆大足石刻，1999.12，文化遗产

24. 安徽古村落：西递、宏村，2000.11，文化遗产

25. 明清皇家陵寝：明显陵（湖北钟祥市）、清东陵（河北遵化市）、清西陵（河北易县），2000.11，明孝陵（江苏南京市）、明十三陵（北京昌平区），2003.7，盛京三陵（辽宁沈阳市），2004.7，文化遗产

26. 河南洛阳龙门石窟，2000.11，文化遗产

27. 四川青城山和都江堰，2000.11，文化遗产

28. 云冈石窟，2001.12，文化遗产

29. 云南"三江并流"，2003.7，自然遗产

30. 吉林高句丽王城、王陵及贵族墓葬，2004.7.1，文化遗产

31. 澳门历史城区，2005，文化遗产

32. 四川大熊猫栖息地，2006.7.12，自然遗产

33. 中国安阳殷墟，2006.7.13，文化遗产

34. 中国南方喀斯特，2007.6.27，自然遗产（2014.6.23增补了二期）

35. 开平碉楼与古村落，2007.6.28，文化遗产

36. 福建土楼，2008.7.7，文化遗产

37. 江西三清山，2008.7.8，自然遗产

38. 山西五台山，2009.6.26，文化景观

39. 嵩山"天地之中"古建筑群，2010.7.30，文化遗产

40. "中国丹霞"，2010.8.1，自然遗产

41. 杭州西湖文化景观，2011.6.24，文化景观

42. 元上都遗址，2012.6.29，文化遗产

43. 澄江化石地，2012.7.1，自然遗产

44. 新疆天山，2013.6.15，自然遗产

45. 红河哈尼梯田文化景观，2013.6.15，文化景观

46. 中国大运河，2014.6.22，文化遗产

47. 丝绸之路：长安—天山廊道的路网，2014.6.22，文化遗产

48. 土司遗址，2015.7.4，文化遗产

49. 左江花山岩画文化景观，2016.7.15，文化遗产

50. 湖北神农架，2016.7.17，自然遗产

51. 可可西里，2017.7.7，自然遗产

52. 厦门鼓浪屿，2017.7.8，文化遗产

53. 贵州梵净山，2018.7.2，自然遗产

54. 黄（渤）海候鸟栖息地（第一期），2019.07.05，自然遗产

55. 良渚古城遗址，2019.7.6，文化遗产

世界遗产相关知识

联合国教科文组织世界遗产委员会是政府间组织，成立于 1976 年 11 月，由 21 个成员组成，负责《保护世界文化

和自然遗产公约》的实施。委员会每年召开一次会议，主要决定哪些遗产可以录入《世界遗产名录》，并对已列入名录的世界遗产的保护工作进行监督指导。委员会成员每届任期6年，每两年改选其中的三分之一。委员会内由7名成员构成世界遗产委员会主席团，主席团每年举行两次会议，筹备委员会的工作。

世界遗产分为文化遗产和自然遗产，2001年5月新增人类口述和非物质遗产。列入世界遗产必备的条件：具有突出普遍价值、有充足的法律依据、历史比较久远和现状保护较好。

世界遗产公约规定文化遗产为：

1. 文物：从历史、艺术和科学观点来看具有突出的普遍价值的建筑物、碑雕和碑画，具有考古性质成分或结构、铭文、窟洞以及联合体，例如中国的故宫；

2. 建筑群：从历史、艺术和科学角度看在建筑式样、分布均匀或环境风景结合方面具有突出的普遍价值的独立或连接的建筑群；

3. 遗址：从历史、审美、人种学或人类学角度看具有突出的普遍价值的人类工程或自然与人联合工程及考古地址等，例如中国的长城、秦始皇陵。

世界遗产公约规定自然遗产为：

1. 从审美和科学角度看具有突出的普遍价值的由物质和生物结构或这类结构群组成的自然面貌；

2. 从科学或保护角度看具有突出的普遍价值的地质和自然地理结构以及明确划为受威胁的动物和植物生境区；

3. 从科学、保护或自然美角度看具有突出的普遍价值的自然景观或明确划分的自然区域，例如中国的三江并流、九寨沟、武陵源。

文化与自然双重遗产是指自然和文化价值相结合的遗产，例如中国的泰山、黄山。

人类口述和非物质遗产包括濒临失传的语言、戏曲、特殊文化空间、宗教祭祀路线或仪式等无形的文化形式。2001年，教科文组织首度公布了19种人类口述和非物质遗产，例如日本能剧、有百戏之祖称号的"中国昆曲"，以及西西里岛的提线木偶戏等。

按照国际社会的公认标准，主要有以下4大类因素威胁世界遗产的安全：

1. 大规模公共或私人工程的威胁；

2. 城市或旅游业迅速发展造成的遗产消失的危险；

3. 土地的使用变动或易主造成的破坏；

4. 武装冲突的爆发或威胁。

再过一亿年，在时间的流光中，这些奇妙的自然神迹是否还会存在？专家和管理者们万分焦急，因为虽然目前地质遗迹的保护状态良好，但威胁和压力仍然存在，让地质遗迹得以永恒，成为摆在管理者面前的一道难题。

第六章

让武隆喀斯特在保护中永存

武隆喀斯特世界自然遗产的喀斯特景观，是在漫长的地质历史时期由于内外动力地质作用形成发展并遗留下来的不可再生的地质遗迹，它们是大自然演化历史的可解读的天然记录，是岩石圈—生物圈—水圈—大气圈相互作用的产物，是多种动力因素在特殊有利的条件下协同作用的结果，具有相对稀少性、不可再生性、不可复制性和不可移动性等多种属性，是全人类共享的自然资源。

虽然武隆喀斯特世界自然遗产内的地质遗迹因为具有有利的保存条件而得以保存至今，但并不说明它们真的那么"坚不可摧"。做好对地质遗迹和整个遗产地区的资源环境保护是最为重要的任务。通过建立武隆喀斯特世界自然遗产，使它们得到切实有力的保护，从而不仅为当代人享有，而且为子子孙孙所共享，使其真正做到持续利用。

武隆喀斯特世界自然遗产的生存状态

如今，被探索发现的武隆喀斯特地质遗迹，正用它们惊艳于世的奇幻征服着来自世界各地的科考专家、不计其数的观光游客……然而，或许就在迎接你的到来，就在你惊叹它们的神奇的刹那，它们正在为你付出生命的代价。因为，灯光、空气、温度等人为环境的改变，都将导致这些美丽的钟乳石发生质的变化。

再过一亿年，在时间的流光中，这些奇妙的自然神迹是否还会存在？专家和管理者们万分焦急，因为虽然目前武隆喀斯特世界自然遗产的保护状态良好，但威胁和压力仍然存在，让自然遗产永恒，成为了摆在管理者面前的一道难题。

目前的保护状态

有法律法规保护：目前，武隆喀斯特世界自然遗产为国家级风景名胜区、中国国家地质公园、国家 5A 级景区，受到《中华人民共和国宪法》《中华人民共和国风景名胜区管理暂行条例》《地质遗迹保护管理条例》《中华人民共和国森林法》《中华人民共和国环境保护法》《中华人民共和国水法》《中华人民共和国陆生野生动物保护实施条例》《重庆市武隆喀斯特世界自然遗产保护办法》等法规条例的保护。

建立了有效管理体制：遗产地管理机构健全，人员配置合理，资金来源有保证。在中华人民共和国自然资源部、重庆市林业局、武隆区人民政府等相关机构的领导下，由武隆区林业局、武隆区世界自然遗产研究中心依法对武隆喀斯特世界自然遗产的资源进行管理与保护。

边界明确、保护规划正在实施：武隆喀斯特世界自然遗产 3个喀斯特系统的边界已明确划定，并有相应的缓冲区对遗产地予以景观和环境保护。

监测工作较为完备：武隆喀斯特自然遗产建立了相应的监测体系，对洞穴环境、游人人数、空气和水质量、森林火灾、珍稀濒危动植物资源种群等进行动态监测，适时监控。

完整性保持甚好，有一定科学研究基础：武隆喀斯特世界自然遗产最主要的具有突出价值的喀斯特景观（洞穴、天生桥群、天坑、峡谷）和自然环境的完整性保持甚好。长期以来遗产地的广大地区皆处于自然状况之中，受人类活动影响较小，保存完好。

1992 年，有关部门对芙蓉江作旅游资源和水利资源考察。西南师范大学于1995年提交了《芙蓉江四川段旅游资源与旅游开发规划》报告，提供了有关芙蓉江的地质、地貌、生物、旅游资源等方面的第一手资料，对芙蓉江峡谷段的自然本底有了较深入的认识，为芙蓉江的开发奠定下良好的科学基础。

芙蓉洞于1993年5月被武隆区江口镇附近农民发现，立即受到严格保护。随即委托中国地质科学院岩溶地质研究所进行全面考察研究和开发规划设计工作。1996年，在芙蓉洞召开了"武隆国际洞穴学术讨论会暨中国地质学会洞穴研究会第三届年会"。不仅加深了对芙蓉洞的科学认识，而且使保护芙蓉洞的理念深深植入各级管理层思想之中。随之，中、英、美、俄等国联合科考队于1994—2005年间多次到武隆进行地质科学考察，发现许多具有重大科学价值的洞穴、天坑群、竖井群等。

与此同时，国内的很多科研、教学和生产单位都先后在武隆喀斯特遗产地做了大量的基础工作，完成了详细的地质考察报告和总体规划，有多项规划成果和研究报告问世。从而较全面地掌握了遗产地的自然本底、环境状况和喀斯特景观资源的数量和价值，构成遗产地管理和保护坚实的科学基础。

面临的压力与威胁

发展压力：遗产地位于比较偏僻的山区和峡谷地带，人口稀少，农业生产活动少，周边居民也相对较少。目前周边的许多地方属于退耕还林区，农业活动在不断减少，植树造林面积不断扩大，有力地促进了风景区的保护工作和生态系统向良性循环方向的发展。芙蓉江峡谷区由于水库修建而使居民有所减少，有利于濒危动物及其栖息地的保护。

环境压力：受当地居民传统生产、生活方式的影响，遗产地及周边的植被曾一度受到较大的威胁，随着风景区的建立、保护意识的提高和生态农业的推广，这种环境压力现已大为缓解。

遗产地及周边没有污染工业企业，因而环境大气和水体的总体质量较好，同时遗产地人口密度小，对当地的大气、土壤和水体所造成的污染很小。

遗产地的大部分地域，属于性质不同的保护地（国家级风景名胜区、国家地质公园），已受到良好的保护，人类活动的影响不大，没有使武隆喀斯特世界自然遗产受到环境的压力。

旅游压力：自 2007 年武隆喀斯特成功申报世界自然遗产及仙女山国家级旅游度假区挂牌成立以来，武隆旅游人次从 164 万人次增加到 2450 万人次，增长 15 倍。这些地点的年游客最大容量皆在百万人次以上，即使在旅游旺季，游客人数目前也未达到日容量标准。遗产地内设有生活服务区，不安排住宿和餐饮，游人在各个景区停留时间一般在 2 小时左右。在近期游人数量不会超过游客容量。但从长远看，由于天生桥风景区游览道路的狭窄和芙蓉洞洞穴空间的有限性，瞬时游人数量必然受到一定制约，要制定措施以应对旅游高峰期游人过多可能带来的压力。

自然灾害：武隆位于云贵高原和长江三峡地区的接合部位，是地质灾害多发地区。武隆喀斯特世界自然遗产内可能出现的自然灾害主要有——崩塌、滑坡、泥石流、喀斯特塌陷、地震等。要及早加强对各种地质灾害的监测监控工作，制定预警避灾措施，在可能发生危害的地方及早进行防护加固处理，对危岩作定期检查，在必要处设立了预警标志、标牌，向广大游客广泛宣传灾害预防知识，以增强群防意识，做好预防工作，确保安全。

芙蓉洞的洞底堆积有大量的崩塌岩块，自 1994 年作为游览洞穴对公众开放之后，曾出现过 3 次因洞穴顶板的局部不稳定而造成的崩塌，2003 年江口水电站蓄水后所引发的地震导致洞内发生零星的钟乳石坠落。针对这种情况，已进行了芙蓉洞稳定性调查评价工作，并采取相应措施。

三座天生桥和诸多天坑的陡崖都比较稳定，迄今未发生过明显的崩塌，但应当清醒地认识到，发生崩塌的可能性依然存在。现今已采取一定措施，由安全监管人员加强巡视和对危岩的监测，对局部位置出现的危岩体，予以加固、排险，确保游人安全。天生三桥片区内有少量设施建在天生桥顶之上，而其下部为河流和天坑，对这一地点应特别予以注意，对可能产生危石、滚石而危及下方游人安全的陡崖处，必须建有防止石块等物体坠落的防护网或防护墙。同时，应逐步减少此处的服务设施和游人活动，以确保天生桥的完好保存。

武隆喀斯特世界自然遗产的某些地方，如芙蓉洞景区的道路修筑在峡谷地区，山高坡陡，弯道较多，因暴雨或地震等自然灾害发生时，有可能引发滑坡和泥石流。对泥石流的防治，一是植树造林、拦截降水，减缓瞬时水流量；二是采取必要的工程措施，进行喷浆防护、拦挡、排导等。

地震是内动力地质作用的结果，根据《中国地震烈度区划图（1990）》，武隆喀斯特世界自然遗产的地震基本烈度为Ⅵ度，有史记载以来，未发生过危害性大的地震，在其周围发生的地震对遗产地的影响烈度均小于Ⅳ度。对地震灾害的防治，一是做好监测工作；二是工程设计、施工中，注意抗震强度标准要在5级以上。

悉心呵护每一处自然馈赠

喀斯特景观是大自然赋予人类的特殊自然遗产，它具有多层次的地域结构，地上、地下的各种喀斯特形态都具有不可再生性。相对于其他资源环境，喀斯特区的资源环境表现出更大的脆弱性和敏感性。对其形成环境条件的任何改变都可能引起遗迹本身的重大变化。

武隆喀斯特遗产地的功能区划分遵循了联合国教科文组织《保护世界文化与自然遗产公约》及《风景名胜区管理条例》等指导原则，结合武隆喀斯特世界自然遗产的实际情况，进行了功能区划分和分区保护。事实上，每一处自然遗迹都需要悉心呵护。

保护分区

芙蓉洞芙蓉江喀斯特系统

芙蓉洞芙蓉江喀斯特系统面积 280 平方千米。其范围，以武隆区境内芙蓉江段的河道为主轴线,南起武隆区浩口乡老浩口村,北至江口镇,全长31千米。地理范围为东经107° 47′-107° 57′;北纬29° 02′-29° 15′。该片区内最高峰阳暗山海拔1510米,最低点为芙蓉江入乌江处,海拔180米,最大相对高差1330米。(图6-1)

武隆喀斯特世界自然遗产范围:以芙蓉洞、天星竖井洞穴群、芙蓉江下游峡谷段为核心,包括江口电站—新路口—天星—七里槽—水帘洞—三河口—月亮山等圈围成的区域,面积30平方千米。

缓冲区范围:南为武隆区行政区界线;北面以轿子顶—二蹬岩—阴家岩—八岩脚一线为界;东西两侧以芙蓉江两岸的山岭为边界,宽约10—16千米,行政区划上包括武隆区江口、石桥、贾角、浩口、天星等乡镇和彭水县龙洋、干溪等乡镇。面积为250平方千米。

天生三桥喀斯特系统

天生三桥峡谷喀斯特系统位于武隆县城东北约20千米,武隆至仙女山公路旁。面积为62平方千米,地理范围为东经107° 45′-107° 51′、北纬29° 23′-29° 29′。(图6-2)

武隆喀斯特世界自然遗产范围:以天生三桥、中石院天坑、白果龙水峡地缝式峡谷为核心,包括猴子坨—大石岭—核桃—后头湾—三潮水—王家坝—柏香林—大龙洞等圈围成的区域,面积为22平方千米。

图 6-1 芙蓉江 - 打鱼飞瀑下

图 6-2 天生三桥晨曦

缓冲区的范围：东界为上石院以东的悬崖沿山脊经梅子塘—三潮水—彩坝—白岩脚—尖峰岭一线；南界自尖峰岭起，至龙水峡出口南约1千米的柏香林，往南西至土脑山附近，沿公路至老房子一带；西部以老房子—园子堡—瓦窑湾—塘坝为界；北界自河坝以北1千米处，往东沿风背岩陡崖、马鬃岭东延至上石院约500米附近，包括了这一喀斯特峡谷系统所有重要的喀斯特景观。面积为40平方千米。

后坪冲蚀天坑喀斯特系统

后坪冲蚀天坑喀斯特系统位于武隆区的东北角，后坪乡以西的麻湾泉流域，面积为38平方千米。地理范围为东经107°58′－108°02′、北纬29°34′－29°38′。

武隆喀斯特世界自然遗产的范围，以二王洞屯—大石坡—土渔溪—梁子上等为界，包含了后坪喀斯特天坑系统最重要的喀斯特景观——箐口、牛鼻子、打锣凼、天平庙、石王洞等5个冲蚀型天坑，二王洞、三王洞等与天坑形成演化密切相关的洞穴系统，以及阎王沟峡谷。面积为8平方千米。

缓冲区的范围：大致以麻湾泉流域的分水岭为界，北以大金山—白岩脚为界；南至木棕河源头——麻湾泉出口；东临后坪乡政府—天池坝；西山至大金山—何家湾。面积为30平方千米。

武隆喀斯特世界自然遗产和缓冲区范围的明确界定，使得遗产地内的具有突出普遍价值的喀斯特景观能够保持完整的自然生

图 6-3 洞穴盲鱼和蝌蚪   图 6-4 洞穴蝙蝠

态、峡谷地貌和流域系统，能够有效保护具有特色的自然景观资源，保证有较好的视觉效果，同时由于涉及的人口数和人类活动都很少，从而使遗产地范围内生态系统保持较为完好，自然性得到充分的体现。（图6-3，6-4）

分区保护（功能区划分）

鉴于主要保护对象是体量较大、地域分布集中在不同块段、相对比较稳定的喀斯特地质地貌景观这一特点，将武隆喀斯特世界自然遗产进行功能分区和分区保护是最科学的方法。武隆喀斯特世界自然遗产划分为核心景观区和重要景观区；缓冲区内划分出生态保育和风景环境保护区、服务接待区和一般控制区。

核心景观区（品位最高、符合世界自然遗产标准的特殊自然

景观分布的区域）

规划要点：严格保护本区内的自然景观。

最重要的保护对象是：芙蓉洞、汽坑洞，三座天生桥及其间的天坑、中石院天坑、天生桥所在的羊水河峡谷、龙水峡地缝式峡谷，后坪箐口天坑、二王洞、三王洞等。保护好谷地、峡谷和地下河中的水流的水质和水量；芙蓉江峡谷两岸岸坡地带为珍稀动物活动的重要的场所，对其自然生态环境严加保护；严禁对原有地貌和地质形成物作任何人为的改变，严禁开山取石、引水。

重要景观区（不可再生的、具重要科学价值、美学价值和旅游价值，但尚未达到"世界上最杰出的"的这一标准的自然景观分布区域，此区紧邻核心自然景观，和核心景观区共同组成武隆喀斯特世界自然遗产）

规划要点：核心景观区的规划要求基本适用于本功能区，只是在严格程度上略有放松。此区内有少量居民点，应尽量控制人口总量。对于破坏景观或与环境不协调的现有建筑、构筑物应于拆除或改造，严格控制居民点建设，发展生态农业。

主要保护对象：芙蓉江盘古河至芙蓉洞峡谷段及谷坡以上部分；洞坝洞、新路口洞等天星其他竖井洞穴；白果伏流；仙人洞、七十二岔洞、龙泉洞等洞穴；天生桥群东面和西南部的天坑等；二王洞及三王洞上游的若干冲蚀型天坑、阎王沟峡谷等。（图6-5,6-6）

这些景观的重要性虽然比不上三座天生桥、芙蓉洞、箐口天坑、二王洞、三王洞等，但它们也是罕见的自然景观，并且是整个喀斯特地貌—水文系统的重要组成部分，在探讨地壳发育演化历史方面有不可替代的作用，为重要保护对象。

图 6-5 竖井探测

图 6-6 阎王沟峡谷

生态保育和风景环境保护区（这一区域面积较大，包括武隆喀斯特世界自然遗产周边的山地、各河流的河源区。）

生态保育区主要指生物群落或生态环境受人为干扰较少，地貌景观有一定价值，基本保持原生状态或具有恢复原来生态环境的潜力的森林分布区。它们是珍稀动物栖息地。缓冲区内的生态保育区主要是在芙蓉江风景名胜区和后坪片区内，有大量珍稀动植物，区内人口稀少，生态保育甚好。在天生桥景区的外围也有大片风景环境区。

生态保育区要完整保护现有生态系统和地带性植被。对局部次生林、人工林根据植被抚育和绿化规划进行封山育林，力求恢复原有的石灰岩山区的地带性植被；保护好所有的地物地貌，禁止开矿采石、伐木毁林、捕猎动物；除保护设施外，不得修建建筑物；只能开展适量的旅游活动，必须按规划确立的游线对游人开放。

风景环境保护区的首要功能是保护好水源的水量和水质，特别要保护好天生桥景区上游的水质和水量，切实保护好芙蓉江的水质。

服务接待区（旅游服务接待中心基地）

应慎重选择服务接待中心基地。旅游服务接待中心基地的建设必须结合当地的自然环境条件和经济发展条件，以免造成对当地环境的过大压力，及对景观资源造成冲击。武隆喀斯特世界自然遗产内不安排服务接待基地，接待服务主要由武隆区城区承担，位于芙蓉江和乌江交汇处的江口镇承担次要接待功能。江口镇在缓冲区范围之内，已有一定基础设施，且位于芙蓉江芙蓉洞遗产地的下游，只要严格限制旅游服务设施和居民人口的过度增长，不会对遗产地的环境造成负面影响。

一般控制区（缓冲区内除风景环境和生态保育区、服务接待区这两个功能区以外的区域）

目前主要包括农村居民点及其周围的农田、果园等生产用地。该区景观价值虽不十分突出，却是喀斯特景观不可分割的组成部分。应特别注意以下几点：保护基本农田，喀斯特区宜耕地数量少，应特别珍惜；维护村落的自然环境，如中石院天坑和其内的村落，是自然景观和人文景观完美结合的典型；禁止对风景资源的直接破坏或间接干扰，禁止盲目开山采石，禁止滥伐捕猎；严格控制各项建设用地规模，控制建筑密度和容积率。建筑物的体量、风格、色彩应具有民居特色，形成与环境相协调的田园风光；改进农业生产结构，积极推进生态农业，提高经济效益，力求与风景游览协调。

保护对象与措施

芙蓉洞芙蓉江喀斯特系统

芙蓉洞芙蓉江片区重要的喀斯特景观有芙蓉洞、天星竖井洞穴群（汽坑洞、垌坝洞、新路口洞、水帘洞等）、芙蓉江峡谷等，以及芙蓉江两岸的珍稀动植物，共同构成保护的主要对象。

芙蓉洞

芙蓉洞空间巨大，洞中各类次生化学沉积形态琳琅满目、丰富多彩，尤其是非重力水沉积形态分布之广泛、质地之纯净、形态之完美，在国内外目前尚属少见。正在水池中形成的犬牙状方解石晶花和浮筏石笋，以及文石晶霜、石膏花、鹿角状卷曲石更是国内稀有、世界罕见，是一座名副其实的地下艺术宫殿和科学博物馆，具有很高的游览价值和科学研究价值，可跻身世界最精美洞穴之列。

巨幕飞瀑、生命之源、珊瑚瑶池、石花之王、犬牙晶花池和目前尚未对外开放的石膏花支洞既是芙蓉洞的特色所在，也是最主要的保护对象。

保护措施：

一是芙蓉洞洞体的稳定性。应对芙蓉洞洞穴稳定性做进一步监测，建立预警系统。监测洞穴本身的围岩及其周围发育的钟乳石类的稳定性，围岩是否会崩塌、滑落，钟乳石类是否会坠落、

图 6-7 芙蓉洞监测系统　　　　　图 6-8 芙蓉洞监测系统

倒塌等，以保证芙蓉洞的安全游览。

　　二是洞穴环境保护。注意监测洞内主要环境因子的变化，包括洞穴空气的温度、湿度、CO_2、正负离子、风、氡及其子体浓度；水体（滴水、流水、池水）的温度、pH值、电导等要素。在对所获得的大量数据进行分析基础上，了解洞穴环境系统各要素的时空变化；对不同数量游客入洞后所引起的环境变化及洞穴自净能力，即芙蓉洞环境系统抗干扰能力进行观测和分析研究，确定在确保洞穴沉积物精品的前提下游人最大容量。（图 6-7，6-8）

　　三是珍稀洞穴次生化学沉积物的保护。监测主要水池的水质、水化学成分的变化，以保持池水的天然状态。弄清洞穴景观退化的主要原因，探讨洞穴景观的保护方案，开展芙蓉洞景观修复试验研究，以达到资源的可持续发展和永续利用。

　　四是芙蓉洞洞顶上方植被的保护和恢复，实行退耕还林。

天星洞穴群

天星竖井洞穴群与芙蓉洞处于同一水文地质单元，位于芙蓉洞的上游补给区域，那里有汽坑洞、垌坝洞、新路口洞等竖井状洞穴。汽坑洞洞口标高 1162 米，终点标高 242 米，深 920 米，全长 5.88 千米，为目前国内探测的垂向深度最大的竖井状洞穴。此外，还有漏斗、河（干）谷等，它们与芙蓉洞的形成、发育和演化过程密切相关，亦应作为重要保护对象。

保护措施：一是这些竖井状洞穴本身的保护；二是植被生态环境保护。这一地区的植被状况、水流的多少和是否被污染还直接影响到芙蓉洞洞穴环境和景观的变化，应特别注意保护这一区域的生态环境。

芙蓉江峡谷

芙蓉江峡谷既是重要的喀斯特景观，亦是重要的旅游资源。除了对峡谷总体注重保护外，还应特别注重下列地质遗迹的保护：

（1）峡谷两岸被切割近千米的古老的寒武系地层，距今已有 5 亿多年，其中可观察到地层层面、裂隙、褶皱、崩塌等多种地质现象，造型独特的地质构造形迹，也可构成一幅幅天然画卷，形成有意义的景观。

（2）蚀余地貌形态，以"大、小石笋"这两个蚀余石峰为主，小体量的石景是由江中或江边具特殊造型的岩石所构成的微地貌景观。

（3）芙蓉江两岸峭壁上由喀斯特泉和季节性地表水形成数十条瀑布，水量有大有小，形态各异。

（4）洞外钟乳石：通常也将其称为石灰华，在生物参与作用下，峡谷两岸绝壁上形成大量的石灰华，构成生物喀斯特景观。

（5）动植物。要保护好芙蓉江峡谷两岸的森林植被。

保护措施：芙蓉江峡谷总体上植被覆盖良好，不仅有效地减少了水土流失，而且有很好的造景作用，植被对主体喀斯特景观起到强烈的衬托和强化作用。峡谷中的主体景观是陡峭的绝壁、狭窄的河谷和谷中的水流，陡壁上的植被进一步衬托和强化了整个峡谷景观，使它不仅有了峡谷共有的壮观，而且增添了有些峡谷所没有的幽静、秀美。芙蓉江的特色植物和特色植物群落，还突出了它的亚热带气息。芙蓉江两岸生存着多种以森林或灌丛为栖居地、繁衍地的珍稀动物，如黑叶猴、猕猴等，对峡谷地区植物的保护将有效地保护这些珍稀动物资源。

天生三桥喀斯特系统

天生三桥喀斯特系统的喀斯特地貌景观多样且分布集中，以天生三桥及其间的天坑为核心，向中石院天坑、白果地缝式峡谷、三潮圣水多潮泉辐射，有70多处自然和人文景观。这些地质遗迹中，以峡谷、天生桥、天坑、洞穴、喀斯特泉等为主要保护对象。

天生三桥喀斯特峡谷系统在羊水河 1.5 千米距离河谷内相继分布有 3 座宏大的天生桥，它们是世界上目前已发现和被报道的规模最大的喀斯特天生桥，是非常难得、极为珍稀的喀斯特景观。为使这一世界奇观得以永续利用，必须对其进行重点保护。

保护措施：一是生态环境的保护。现今，不仅昔日塑造天生桥的巨大水流基本上已经渗入地下，而且地下水主要径流也已不在天生桥群的下面，因此地表水流量很小，而一旦离开了地表水流，天生桥的整体景观形象就会大为削弱，所以尽量地保持现有的地表水流显得非常重要；二是天生桥桥体本身的保护，在其上不能再增加其他建筑，并杜绝放炮爆破等行为，以防止人为因素造成的桥体的崩塌和破坏；三是注意峡谷两岸的陡崖的稳定性，在可能发生危害的地方及早进行防护加固处理，设立预警标志，做好预防工作，确保游览安全。

天坑

以青龙天坑、神鹰天坑、中石院天坑、下石院天坑为主体。青龙天坑和神鹰天坑与 3 座天生桥相间分布，共同构成天生三桥罕见的景观；中石院天坑是目前世界上已知的口部面积位居第二的喀斯特天坑，其上部开口面积为 27.8×10^4 平方米，天坑底部还有梯田景观和农家院落。

保护措施：应保护好中石院天坑的原貌和周围的植被，不得在天坑附近开山采石或未经规划修建建筑物。

包括白果伏流进口上游的地缝式峡谷、伏流段洞穴和伏流出口以下的龙水峡地缝式峡谷，以飞天悬瀑、下游峡谷、崩塌岩块形成的"小小天生桥"等最为重要。

保护措施：一是峡谷底部及周围植被生态环境的保护，不要随意增加人工建筑物；二是注意峡谷两岸的陡崖的稳定性，在可能发生危害的地方及早进行防护加固处理，设立预警标志，确保安全；三是水源的保护，包括水源（水量）和水质两方面，地缝式峡谷谷底常年流水潺潺，清澈见底，峡谷因水而增添了几分灵气，因此要注意保护补给区的植被生态环境。

天生三桥喀斯特峡谷系统内的仙人洞、龙泉洞、七十二岔洞等为主要保护对象。

保护措施：保护仙人洞的要点是水源和环境，由于它是伏流型洞穴，上游下干沟的地表溪流直接流入洞穴中，因此，保护上游地表水环境尤为重要。龙泉洞内水塘中有通体透明的盲鳅、蟾类、大蝾蚣等洞穴生物，应加以保护。七十二岔洞位置较高，形成年代较为久远，洞底的松散堆积层较厚，是研究天生三桥片区古水文特征的重要场所，应避免对洞壁和洞内沉积层的破坏。

最重要的是三潮圣水间歇泉，岩溶泉水的动态变化及水量大小直接受制于补给区状况的控制，三潮圣水之所以成为重要的景点，就在于它的水量大小具有一定的变化规律，如果其补给区的生态环境遭到破坏，那么它的这一最重要的属性有可能消失或被大大削弱，从而丧失其观赏价值。因此，保护好其补给区的植被生态环境尤为重要。

后坪冲蚀天坑喀斯特系统

后坪冲蚀天坑喀斯特系统有冲蚀型天坑群、洞穴系统、喀斯特泉、峡谷、石林、石柱等地质遗迹，为主要保护对象。

冲蚀型天坑群

地表水冲蚀型天坑群由箐口、石王洞、天平庙、打锣凼和牛鼻洞等5个天坑组成，是我国乃至世界上目前发现的唯一的由地表水冲蚀成的天坑群，是极为稀罕的喀斯特景观。因此，必须加以重点保护。

保护措施：其一，保护天坑坑壁及坑底的岩石，严禁开山采石；其二，对具有造景功能的天坑内外植被进行保护、封育，严禁采伐；其三，不要在天坑内及附近修建筑物，以保持天坑原貌。

洞穴系统

冲蚀型天坑为吸纳地表水流的主要场所，其下发育的洞穴即为汇入水流的集中通道，如箐口天坑下的二王洞、三王洞、麻湾洞等，是蕴含天坑形成与发育演化及地壳抬升运动等信息的主要载体，不仅在科学研究上有重要的学术价值，而且有些洞穴（如三王洞）洞内沉积景观较为丰富，具有较高的观赏价值和探险价值。因此，需要对该系统内的洞穴实施保护，以防洞内次生化学沉积物受到破坏。

喀斯特泉

该系统内主要泉水为麻湾洞泉，属喀斯特大泉，是天坑群分布区域的地下水的总出口。麻湾洞泉域作为一个完整的水文地质单元，有明确的流域边界与补、径、排条件，是了解天坑发育动力的主要地质遗迹，意义重大。完好的植被是泉水源源不断产生的条件，因此应对泉域内的地表植被加以保护。

喀斯特峡谷

阎王沟喀斯特峡谷全长 2300 米，总深度约 500 米，是盲谷式现代峡谷，峡谷在雨季汇集的地表水从其南端的灶孔眼汇入二王洞地下排水系统中，最终在其南部约 2500 米的麻湾洞泉排出地表，成为木棕河的源头。阎王沟峡谷的发育经历了早期宽缓开阔峡谷和后期地缝式峡谷两个阶段，研究其发育过程，对了解这一地区的水文、地貌发育演化史有重要意义。阎王沟峡谷谷深林幽，特别是靠近灶孔眼段，谷底深切，两岸下部近直立，狭小逼仄，具有一定的观赏价值。应对峡谷进行保护，不要在峡谷段随意开山采石，并注意保护周围的森林植被。

石林

在后坪乡以西地表发育有宝塔状石林，是一种有观赏价值的地表喀斯特景观，也是了解喀斯特发育速率、发育控制因素的一种地质遗迹，应加以保护，严禁开采石林，并保护石林周围具有构景功能的山体和森林植被。

古生物化石产地

片区内早奥陶世时期沉积了大量角石于大湾组中。这些角石化石个体巨大，分布密度高，形态典型，成为了解早奥陶世大湾期海洋古生态的重要研究对象，具有较高的学术与观赏价值，应重点保护这些化石及其赋存的岩层，严禁开采。

留给未来的自然珍宝

地球用亿万年时间为我们留下了这丰美的武隆喀斯特世界自然遗产，千秋万代之后，我们又将给未来留下什么？关于武隆喀斯特的保护，任重而道远。

我们希望用管理和保护的实际行动，以世界遗产保护公约、风景名胜区和国家地质公园的有关法规为依据，贯彻"严格保护，统一管理，合理开发，永续利用"的方针，在风景区管理机构的统一管理下，严格保护和合理开发武隆喀斯特世界自然遗产的自然景观资源。加强科学研究，合理利用其科学价值和美学价值，提高利用层次。科学确定遗产地和缓冲区的界线和各级保护区的范围，以保护景观的完整性和自然性，保护地表、地下水文系统的完整性。从而在保护的前提下，使重庆武隆喀斯特世界自然遗产成为世界上进行喀斯特科学研究、教育启智、游览休闲等精神文化活动的重要基地，成为景观独特优美，环境、社会、经济协调发展的、享誉全球的世界自然遗产地，并把这一具有世界自然遗产价值的风景名胜区完好无缺地"移交给未来的世世代代"。

★保护的六个原则

为了实现保护的目标，我们必须一同来珍爱这世界自然遗产地，在开发利用与旅游观赏的过程中，用六大原则来时刻提醒自己该怎样做！

保护第一的原则

喀斯特景观和珍稀动植物资源都是珍贵的自然遗产，要严格保护其完整性和真实性，遗产地的一切工作均应以此为前提，强调保存是保护的开始这一概念。正确处理旅游资源开发与生态环境保护的关系，确保喀斯特景观、植被和生态环境不被破坏，空气、水体质量不下降。

可持续发展的原则

可持续发展就是要使人口、社会、经济、资源和环境协调发展，以不牺牲后代人的利益为前提，保证环境和资源的可持续利用。武隆喀斯特世界自然遗产的任何开发利用都必须遵守可持续发展的原则，使资源既得到充分的开发和利用，又能与环境保持充分的协调性和一致性。遗产地各项规划的实施是一个动态的过程，制定规划必须有利于分期建设和逐步实施、不断完善，并始终将保护放在首位。

突出重点和特色的原则

遗产地的价值和景观的吸引力，最主要的便是取决于具有突出价值的喀斯特景观的特殊性，任何的规划和建设必须将重点放在充分保护并发挥这些资源的特色和优势之上。

系统协调、全流域规划的原则

遗产地的三个喀斯特系统都各自形成独特的地域空间综合体，要协调好各个部分（子系统）之间的关系，特别需要从全流域（地表水和地下水）观念出发，全面规划，协调好本流域和相邻流域间的关系。

生态保育原则

生态环境是遗产地的最重要的自然背景，优良的生态环境、高等级的环境品质，不仅是保护好喀斯特地貌景观的重要前提条件之一，而且是风景区维持强大吸引力的驱动因子。

经济社会统筹原则

正确处理好遗产地和缓冲区内居民的经济发展和遗产保护之间的关系。从当前的保护实践来看，应当让当地社区居民参与到保护中来，引导他们加入到与保护相关的行业，提高保护意识，并从中获得生活所需的经济来源，降低当地经济对生物、土地资源的依赖程度，从而达到保护的目的。

★未来图景

未来，在我们悉心呵护中永恒的武隆喀斯特世界自然遗产，会回馈给我们这样的一幅图景——

喀斯特景观资源得到永续利用

武隆喀斯特世界自然遗产的喀斯特景观主要有：雄伟壮观的天生桥群、峡谷系统、众多的天坑、洞穴及其中令人惊叹的次生化学沉积物、芙蓉江峡谷及其内珍贵的动植物资源等等，它们都是大自然演化历史的可解读的天然记录，是岩石圈—生物圈—水圈—大气圈相互作用的产物。这些世界级的自然奇观都是在漫长的地质历史时期，多种动力因素在特殊有利的条件下形成、发展并遗留下来的不可再生的地质遗迹。因此，这些自然景观具有相对稀少性、不可再生性、不可复制性和不可移动性等多种属性，是全人类共有的自然资源。建立世界自然遗产地，将使它们得到更加切实有效的保护，从而不仅为当代人享有，而且为子孙后代所共享，永续利用。

喀斯特生态环境、珍稀动植物物种得到保护

武隆喀斯特世界自然遗产内的生态环境属于喀斯特生态环境系统，它的本身是比较脆弱的，其上的植被主要由具有岩生性、旱生性、附生性和喜钙性的植物及藤刺灌丛组成，一旦遭到破坏，难以得到恢复。现今遗产地范围内，特别是芙蓉洞芙蓉江片区内的生态环境基本良好，既有优美的喀斯特景观，又有良好的植被和栖息于其间的大量珍稀动物；芙蓉江一带还是我国生物多样性保护研究的重点地区，从而使得保护好这一生态环境显得尤为重要。

提供高品位的观光游览场所

武隆喀斯特世界自然遗产地内主要喀斯特景观，不仅世界稀有，同时因其造型优雅、规模宏大而具有极高的美学观赏价值，为科学考察和旅游观光提供了得天独厚的有利条件。由于遗产地诸多景观本身具有很深刻的科学内涵，因此通过对它们的观赏会使游人受到生动的科学启迪，获得科学知识。比如，芙蓉洞的成功开发，对武隆城镇建设、全区产业结构的调整、人们的思想意识的转变都有重大影响，大大提高了当地人民对环境和资源保护的自觉性，取得良好的经济效益、社会效益和环境效益。遗产地内的动植物资源丰富并且已成为遗产地的有机组成部分，高质量的动植物资源在人类回归自然、休养身心、休闲度假方面，有着重要的不可替代的作用。通过对这些自然资源的高水平的、科学的开发利用，在欣赏、赞美它们的同时，以观赏、启智的方式将珍爱自然、保护资源环境的理念向人们传送，让可持续发展的思想深入人心，让这些自然遗产长久地得以完好保存，从而为我们的子子孙孙营造一个优良的生存空间和资源不虞匮乏的明天。

科学考察研究和科学普及基地（图6-9）

武隆喀斯特世界自然遗产内的许多喀斯特景观是世界稀有的、典型的喀斯特景观，并且保存较为完整，具有很高的科学研究价值，为国内和国际上的地学、科学工作者提出许多重大的有意义的研究课题，特别在喀斯特峡谷地貌—水文系统演化和天生

图 6-9 武隆岩溶研究基地

三桥的形成、洞穴特殊化学沉积形态的成因、天坑类型及演变等方面。遗产地内尚有许多地方还是科学研究、考察非常薄弱的地区，随着科学考察的深入，必将有更多的新发现和新课题等待人们去探索、去研究、去解决。

　　遗产地内的喀斯特景观会引起人们探索大自然奥秘的兴趣和愿望，成为科学普及的基地，成为引导人们走进大自然、学习大自然的天然课堂。

　　大自然在武隆创建了一个奇迹，现在是我们上场书写另一个奇迹的时刻了。世界遗产在武隆，我们有责任让这自然赐予的宝贵遗产永存于世间！

附 录

武隆喀斯特申报世界自然遗产大事记

1998 年 12 月 20 日　芙蓉江风景名胜区管理处以武芙风管发〔1998〕4 号文件，申请让武隆芙蓉江风景名胜区列入"世界自然遗产名录"，并编写了中英文的情况报告。

2003 年 10 月 28 日至 29 日　在建设部贵州兴义世界遗产申报座谈会上，会议确定了"中国南方喀斯特"申报世界自然遗产相关事宜，芙蓉江风景名胜区被确定纳入"中国喀斯特世界自然遗产"预选名单。

2004 年 2 月 20 日　完成了规范的中英文对照《世界自然遗产预备清单——芙蓉江风景名胜区》的编写工作，并上报世界自然遗产工作领导小组办公室。

2004 年 2 月 23 日　武隆县人民政府以武隆府〔2004〕25 号文成立了申报"中国喀斯特世界自然遗产"领导小组。

2004 年 2 月 25 日　武隆县人民政府以武隆府文〔2004〕8

号文向重庆市人民政府提出请示，要求加入中国喀斯特申报世界自然遗产组合行列。

2004 年 8 月 4 日　武隆县政府第 16 次县长办公会上，研究了申报世界自然遗产的有关工作，会议决定，组建"中国喀斯特世界自然遗产"申报工作组。

2004 年 8 月　组织参加由联合国教科文组织、建设部、国家文物局组织的苏州"第 28 届世界遗产大会、世界遗产展"制作了参展图片和中英文简介。并在《第 28 届世界遗产大会世界遗产展、会刊》上刊载介绍武隆县自然风景资源的图片文字等。

2004 年 9 月 20 日　武隆县政府和芙蓉江管理处有关领导参加了在昆明召开的中国世界遗产生物多样性保护国际研讨会，IUCN 专家威廉姆斯教授（新西兰）、史密斯教授（澳大利亚）、中科院袁道先院士、中国岩溶研究所朱德培教授等中外专家学者针对地域分布等实际情况，提议将原名称"中国喀斯特"改为"中国南方喀斯特"，得到了与会者的支持。

2004 年 11 月上旬　中科院等有关专家一行专程到芙蓉洞考察，收集资料和采样，着手编制芙蓉洞资源价值研究和评价以及"申遗"工作相关文本。

2004 年 12 月 2 日　武隆县成立了"申报中国喀斯特地貌自然遗产办公室"。

2005 年 3 月 10 日　国际岩溶自然遗产专家、世界自然遗产保护联盟、洞穴岩溶特别工作组主席史密斯先生、中国科学院院士袁道先先生，对芙蓉洞进行了实地考察，对武隆县的喀斯特岩溶地质资源作出了实事求是、客观公正地评价，增强了武隆县申报世界自然遗产的信心。

2005年3月29日　建设部在北京召开"中国南方喀斯特"申办世界自然遗产专家工作会议，会上确定了"中国南方喀斯特"专家工作组成员名单，提出申报总文本纲要和工作计划。"中国南方喀斯特"联合申报世界自然遗产工作正式拉开帷幕。

2005年4月5日　武隆县县长刘旗主持召开了申报世界自然遗产领导小组成员会议，专题研究了武隆县申报世界自然遗产工作。

2005年4月中旬　中国科学院地理所按照2005年2月新出台的世界遗产申报文本格式对"芙蓉洞申报文本"进行了修改完善，并提交建设部。

2005年4月　芙蓉江风景名胜区管理处与中科院地理科学与资源研究所签订了编制芙蓉洞保护管理规划的合同。此规划于6月底完成。

2005年5月10日　中国科学院地理科学与资源研究所研究员雒昆利等一行对芙蓉洞进行科学价值研究考察时，发现了大熊猫化石、刺猬化石、蝙蝠化石，这一系列哺乳动物化石对芙蓉洞地质变迁及全球变化研究具有重要的学科意义。

2005 年 6 月 17 日　　芙蓉江风景名胜区管理处与中国地质科学院岩溶地质研究所达成工作协议：2005 年 6 月开始工作，月底提交芙蓉洞自然遗产地图片集打印稿 5 册和幻灯片一套；2005 年 8 月提交图片集出版印刷样稿、照片底片、CD 数字光盘；2005 年 9 月提交芙蓉洞整治规划报告和图件；2006 年 5 月完成《芙蓉洞岩溶景观及世界自然遗产价值研究》专著。

2005 年 6 月 19 日　　建设部组织桂林岩溶所地质专家朱学稳、北京大学世界遗产专家谢凝高等世界自然遗产国内专家考察组一行考察了芙蓉洞。此次考察的主要目的是对国内联合申报"中国南方喀斯特"世界自然遗产的 9 个点并进行严格筛选，重新审查。专家组一行对武隆县的"申遗"工作给予了充分的肯定，并强调目前我国还没有洞穴类世界自然遗产地，希望武隆珍惜这次难得的"联合申报"机会，扎扎实实做好各个阶段的工作。

2005 年 8 月 10 日　　建设部正式确定中国南方喀斯特申报世界自然遗产由云南石林、贵州荔波椎状喀斯特和重庆武隆喀斯特作为第一批申报遗产地。同时建设部要求武隆县扩大申报世界自然遗产的范围，即除芙蓉洞外，增加天生三桥和后坪天坑群捆绑作为申报世界自然遗产的遗产地。

2005 年 8 月中旬　　市园林局局长助理葛怀军带领局副总工程师郎宏远、风景处副处长任杨等一行到武隆县现场办公。

2005 年 9 月 9 日　　按建设部要求重新编制的《武隆喀斯特

《申遗文本》正式提交建设部。

2005年9月12日　由重庆电视台和重庆千叶传媒文化有限公司制作的"申遗"汇报片初稿制作完成；画册和幻灯片的制作与重庆出版社、曙光印务公司和深圳华新彩印制版有限公司达成协议。

2005年10月　桂林岩溶所三位专家对芙蓉洞、天生三桥和龙水峡地缝景区进行了新的规划测量，参照国际标准，编制高质量的遗产保护管理规划。

2005年10月19日—21日　"中国岩溶天坑国际科学考察组"对芙蓉洞、天生三桥和后坪箐口天坑进行了实地考察，此次考察组专家阵容强大，由来自国内外16位知名洞穴岩溶专家组成，其中不乏国际洞穴协会主席、IUCN（世界自然保护联盟）成员、世界自然遗产评估委员会委员等权威人士。考察组一行对武隆县优美的自然资源、独特的喀斯特地貌给予了很高的评价，一致认为：武隆喀斯特地质奇观是世界上独一无二的喀斯特地貌系统，不但具有很高的美学观赏价值，而且具有重要的科学价值，对地质研究具有世界性的意义。

2005年11月13日　中国科学院岩溶地质研究所编制完成了《重庆武隆喀斯特保护与管理规划》中文版本。

2005年11月20日　由西南大学环境与资源学院院长谢世友翻译的《重庆武隆喀斯特保护与管理规划》英文版本完成。

2005 年 12 月 1 日　为顺利迎接 IUCN 专家验收，确保武隆县"申遗"一次成功，加强对"申遗"遗产地的环境整治，《武隆喀斯特申报世界自然遗产项目可研报告》一书成稿。

2005 年 12 月 6 日　建设部在北京组织召开了 2006 年申报世界遗产项目评审会，由三清山、五台山、苍山、中国南方喀斯特四个申报世界自然遗产地展开角逐，与会专家对"中国南方喀斯特"申报项目给予了高度评价和充分肯定。

2005 年 12 月 30 日　中国联合国教科文组织全国委员会向国务院呈报《关于推荐开平碉楼与村落、中国南方喀斯特列入〈世界遗产名录〉的请示》。

2006 年 1 月 08 日　国务院总理温家宝签署同意"中国南方喀斯特"向联合国申报世界自然遗产的请示。

2006 年 1 月 13 日　经中国政府批准的"中国南方喀斯特"申遗文本正式提交联合国教科文组织。

2006 年 2 月 16 日　滇、黔、渝申报"中国南方喀斯特"世界自然遗产工作座谈会在贵阳召开。建设部城建司副司长王凤武强调要做好环境整治、世界遗产展示中心建设以及出国公关等工作。

2006 年 3 月 1 日　联合国教科文组织世界遗产中心主任就"中国南方喀斯特"申报世界自然遗产等事宜，回函中国教科文全委会秘书长田小刚，告知项目在技术上较为完整，已通过中心的审查并转送 IUCN 评审，IUCN 将安排时间实地考察评估。

2006年3月17日至19日　滇、黔、渝申报"中国南方喀斯特"世界自然遗产工作组赴武隆进行联合考察。

2006年3月28日　武隆县召开申报世界自然遗产全县动员大会，要求举全县之力，开展申遗环境整治工作。

2006年4月10日至12日　武隆申报世界遗产专家、中科院岩溶地质研究所洞穴中心陈伟海主任、黄保健工程师与县长刘旗，副县长李彦及各相关部门、乡镇领导一起，实地踏勘考察线路，最终确定8月 IUCN 专家考察线路及考察沿线环境整治项目。

2006年4月24日　武隆县申报世界自然遗产誓师大会在武隆县人民广场举行。

2006年6月7日至9日　IUCN 专家 Paul Williams 夫妇对武隆喀斯特进行实地考察。

2006年8月31日　武隆喀斯特申报世界自然遗产汇报片、幻灯片、三维地貌演化动画、三维飞行、考察指南、文件汇编等一系列申报材料编制、翻译、配音全部按高效率、高质量、国际标准完成。

2006年9月1日　武隆喀斯特迎接 IUCN 专家实地考察环境综合整治工作全面完成。

2006年9月6日至8日　IUCN 专家桑塞尔博士对武隆喀斯特进行正式考察。

2006 年 9 月 10 日　IUCN 专家桑塞尔博士考察"中国南方喀斯特"总结会在贵阳召开，桑塞尔博士高度评价了"中国南方喀斯特"的资源价值，充分肯定了三地的申报工作。

2007 年 6 月 27 日 13 点 15 分　第 31 届新西兰世界遗产大会上，武隆喀斯特全票通过，列入世界自然遗产名录。

《保护世界文化和自然遗产公约》

第五条　为确保本公约各缔约国为保护、保存和展出本国领土内的文化遗产和自然遗产采取积极有效的措施，本公约各缔约国应视本国具体情况尽力做到以下几点：

（一）通过一项旨在使文化遗产和自然遗产在社会生活中起一定作用，并把遗产保护工作纳入全面规划纲要的总政策；

（二）如本国内尚未建立负责文化遗产和自然遗产的保护、保存和展出的机构，则建立一个或几个此类机构，配备适当的工作人员和为履行其职能所需的手段；

（三）发展科学和技术研究，并制订出能够抵抗威胁本国文化或自然遗产的危险的实际方法；

（四）采取为确定、保护、保存、展出和恢复这类遗产所需的适当的法律、科学、技术、行政和财政措施；

（五）促进建立或发展有关保护、保存和展出文化遗产和自然遗产的国家或地区培训中心，并鼓励这方面的科学研究。

《中华人民共和国宪法》

第九条 矿藏、水流、森林、山岭、草原、荒地、滩涂等自然资源，都属于国家所有，即全民所有；由法律规定属于集体所有的森林和山岭、草原、荒地、滩涂除外。

国家保障自然资源的合理利用，保护珍贵的动物和植物。禁止任何组织或者个人用任何手段侵占或者破坏自然资源。

《中华人民共和国森林法》

第十九条 地方各级人民政府应当组织有关部门建立护林组织，负责护林工作；根据实际需要在大面积林区增加护林设施，加强森林保护；督促有林的和林区的基层单位，订立护林公约，组织群众护林，划定护林责任区，配备专职或者兼职护林员。

第二十条 依照国家有关规定在林区设立的森林公安机关，负责维护辖区社会治安秩序，保护辖区内的森林资源。

第二十一条 地方各级人民政府应当切实做好森林火灾的预防和扑救工作：

第二十二条 各级林业主管部门负责组织森林病虫害防治

工作。

林业主管部门负责规定林木种苗的检疫对象，划定疫区和保护区，对林木种苗进行检疫。

第二十三条　禁止毁林开垦和毁林采石、采砂、采土以及其他毁林行为。

禁止在幼林地和特种用途林内砍柴、放牧。进入森林和森林边缘地区的人员，不得擅自移动或者损坏为林业服务的标志。

第二十四条　国务院林业主管部门和省、自治区、直辖市人民政府，应当在不同自然地带的典型森林生态地区、珍贵动物和植物生长繁殖的林区、天然热带雨林区和具有特殊保护价值的其他天然林区，划定自然保护区，加强保护管理。

自然保护区的管理办法，由国务院林业主管部门制定，报国务院批准施行。

对自然保护区以外的珍贵树木和林区内具有特殊价值的植物资源，应当认真保护；未经省、自治区、直辖市林业主管部门批准，不得采伐和采集。

第二十五条　林区内列为国家保护的野生动物，禁止猎捕；因特殊需要猎捕的，按照国家有关法规办理。

《中华人民共和国环境保护法》

第十七条　各级人民政府对具有代表性的各种类型的自然生态系统区域，珍稀、濒危的野生动植物自然分布区域，重要的水源涵养区域，具有重大科学文化价值的地质构造、著名溶洞和化石分布区、冰川、火山、温泉等自然遗迹，以及人文遗迹、古树名木，应当采取措施加以保护，严禁破坏。

第十八条　在国务院、国务院有关主管部门和省、自治区、直辖市人民政府划定的风景名胜区、自然保护区和其他需要特别保护的区域内，不得建设污染环境的工业生产设施；建设其他设施，其污染物排放不得超过规定的排放标准。已经建成的设施，其污染物排放超过规定的排放标准的，限期治理。

第十九条　开发利用自然资源,必须采取措施保护生态环境。

《中国共和国水法》

第二十五条　开采地下水必须在水资源调查评价的基础上，实行统一规划，加强监督管理。在地下水已经超采的地区，应当严格控制开采，并采取措施，保护地下水资源，防止地面沉降。

第二十九条　国家所有的水工程，应当按照经批准的设计，由县级以上人民政府依照国家规定，划定管理和保护范围。

集体所有的水工程应当依照省、自治区、直辖市人民政府的规定，划定保护范围。

《中华人民共和国野生动物保护法》

第八条　国家保护野生动物及其生存环境，禁止任何单位和个人非法猎捕或者破坏。

第十条　国务院野生动物行政主管部门和省、自治区、直辖市政府，应当在国家和地方重点保护野生动物的主要生息繁衍的地区和水域，划定自然保护区，加强对国家和地方重点保护野生动物及其生存环境的保护管理。

自然保护区的划定和管理，按照国务院有关规定办理。

第十一条　各级野生动物行政主管部门应当监视、监测环境对野生动物的影响。由于环境影响对野生动物造成危害时，野生动物行政主管部门应当会同有关部门进行调查处理。

第十二条　建设项目对国家或者地方重点保护野生动物的生存环境产生不利影响的，建设单位应当提交环境影响报告书；环境保护部门在审批时，应当征求同级野生动物行政主管部门的意见。

《国家风景名胜区条例》

第二十四条　风景名胜区内的景观和自然环境，应当根据可持续发展的原则，严格保护，不得破坏或者随意改变。

风景名胜区管理机构应当建立健全风景名胜资源保护的各项管理制度。

风景名胜区内的居民和游览者应当保护风景名胜区的景物、水体、林草植被、野生动物和各项设施。

第二十五条　风景名胜区管理机构应当对风景名胜区内的重要景观进行调查、鉴定，并制定相应的保护措施。

第二十六条　在风景名胜区内禁止进行下列活动：

（一）开山、采石、开矿、开荒、修坟立碑等破坏景观、植被和地形地貌的活动；

（二）修建储存爆炸性、易燃性、放射性、毒害性、腐蚀性物品的设施；

（三）在景物或者设施上刻画、涂污；

（四）乱扔垃圾。

第二十七条　禁止违反风景名胜区规划，在风景名胜区内设立各类开发区和在核心景区内建设宾馆、招待所、培训中心、疗养院以及与风景名胜资源保护无关的其他建筑物；已经建设的，应当按照风景名胜区规划，逐步迁出。

第二十九条　在风景名胜区内进行下列活动，应当经风景名胜区管理机构审核后，依照有关法律、法规的规定报有关主管部门批准：

（一）设置、张贴商业广告；

（二）举办大型游乐等活动；

（三）改变水资源、水环境自然状态的活动；

（四）其他影响生态和景观的活动。

第三十条　风景名胜区内的建设项目应当符合风景名胜区规划，并与景观相协调，不得破坏景观、污染环境、妨碍游览。

在风景名胜区内进行建设活动的，建设单位、施工单位应当制定污染防治和水土保持方案，并采取有效措施，保护好周围景物、水体、林草植被、野生动物资源和地形地貌。

《中华人民共和国自然保护区条例》

第十七条　各级人民政府对具有代表性的各种类型的自然生态系统区域，珍稀、濒危的野生动植物自然分布区域，重要的水源涵养区域，具有重大科学文化价值的地质构造、著名溶洞和化石分布区、冰川、火山、温泉等自然遗迹，以及人文遗迹、古树名木，应当采取措施加以保护，严禁破坏。

《地质遗迹保护管理规定》

第四条　被保护的地质遗迹是国家的宝贵财富，任何单位和个人不得破坏、挖掘、买卖或以其他形式转让。

第五条　地质遗迹的保护是环境保护的一部分，应实行"积极保护、合理开发"的原则。

第十七条　任何单位和个人不得在保护区内及可能对地质遗迹造成影响的一定范围内进行采石、取土、开矿、放牧、砍伐以及其他对保护对象有损害的活动。未经管理机构批准，不得在保护区范围内采集标本和化石。

第十八条　不得在保护区内修建与地质遗迹保护无关的厂房或其他建筑设施；对已建成并可能对地质遗迹造成污染或破坏的设施，应限期治理或停业外迁。

《重庆市武隆喀斯特世界自然遗产保护办法》

第十二条　在遗产保护范围内，禁止下列行为：

（一）开山、采石、采矿、采砂等破坏景观、植被和地形地貌的活动；

（二）生产砖瓦、石灰和木炭；

（三）围堵、填塞溶洞以及其他可能损害地质结构或生态系统的活动；

（四）破坏水体、向水体倾倒垃圾及超标排放污水；

（五）捕杀、贩卖野生保护动物；

（六）焚烧垃圾、沥青、油毡、橡胶、塑料、皮革以及其他产生有毒有害烟尘或恶臭气体的物质；

（七）采集或变卖遗产资源；

（八）引进或使用外来有害物种及未检疫的野生动物；

（九）其他损坏武隆喀斯特世界自然遗产资源的行为。

在遗产保护范围内进行影视拍摄或举办集会、游乐、体育、文化等大型活动，应当征得市人民政府世界自然遗产主管部门同意，依法报有关部门批准，且不得破坏遗产资源。

第十三条　遗产保护范围内各风景名胜区总体规划确定的核心景区为特别保护区，禁止下列行为：

（一）建造坟墓；

（二）建设临时建（构）筑物；

（三）建设与武隆喀斯特世界自然遗产保护无关的建（构）筑物；

（四）设置垃圾填埋场或固体废物集中贮存处理设施、场所。

参考文献

[1] 中华人民共和国联合国教科文组织协会全国联合会. 世界遗产与年轻人 [M]. 上海：三联书店，2001 年

[2] 陈伟海，等. 重庆武隆喀斯特景观特征与世界自然遗产价值研究 [M]. 北京：地质出版社，2006 年

[3] 陈伟海，等. 重庆武隆岩溶地质公园地质遗迹特征、形成与评价 [M]. 北京：地质出版社，2004 年

[4] 袁道先. 岩溶学词典 [M]. 北京：地质出版社，1988 年

[5] 袁道先，蔡桂鸿. 岩溶环境学 [M]. 重庆：重庆出版社，1988 年

[6] 袁道先. 中国岩溶学 [M]. 北京：地质出版社，1994 年

[7] 袁道先，等. 中国岩溶动力系统 [M]. 北京：地质出版社，2002 年

[8] 卢耀如. 岩溶：奇峰异洞的世界 [M]. 北京：清华大学出版社、广州：暨南大学出版社，2001 年

[9] 陈安泽，卢云亭，等. 旅游地学概论 [M]. 北京：北京大学出版社，1991 年

[10] 潘江. 中国的世界文化与自然遗产 [M]. 北京：地质出版社，1995 年

[11] 四川省武隆县志编纂委员会. 武隆县志 [M]. 成都：四川人民出版社，1994 年

[12] 中国地理学会地貌专业委员会. 喀斯特地貌与洞穴 [M]. 北京：科学出版社，1985 年

[13] 张英骏，缪钟灵，等. 应用岩溶学及洞穴学 [M]. 贵阳：贵州人民出版社，1985 年

[14] 张远海，艾琳·林奇. 洞穴探险 [M]. 上海：上海科学普及出版社，2004 年

[15] 联合国教育、科学及文化组织. 保护世界文化和自然遗产公约 [R].1972 年

[16] 朱学稳. 中国的喀斯特天坑及其科学与旅游价值 ［J］. 科技导报，2001 年第 10 期

[17] 陈良富.《徐霞客游记》的科学成就及其历史地位 ［J］. 徐霞客与越文化暨中国绍兴旅游文化研讨会，2003 年

[18] 杨文衡. 徐霞客对我国古代岩溶洞穴研究的贡献 ［J］. 中国岩溶，1983 年第 2 期

[19] 朱学稳. 芙蓉洞的次生化学沉积物 ［J］. 中国岩溶，1994 年第 4 期

[20] 朱学稳，朱德浩，黄保健，等. 喀斯特天坑略论 ［J］.

[21] Bendetta Castiglioni & Ugo Sauro, Large collapse dolines in Puglia（southern Italy）: the cases of "dolina Pozzatina" in theGargano plateau and of "Puli" in the Murge[A], ACTA CARSOLOGICA[C], 29（2）, LJUBLJANA, 2000. 83-93

[22] D.Ford, P.Williams. Karst geomorphology and hydrology [M]. London: UNWIN HYMAN, 1989

[23] Sweeting, M.M.. Karst landforms[M]. London: Macmillan, 1972

[24] Sweeting M.M. Limestone Landscape of South China[J]. Geology Today, 1986, （11）

[25] Carol Hill and Paolo Forti, Cave Minerals of the World[M], the National Speleological Society of U.S.A., 1997

[26] Arthur N PALMER and Margaret V PALMER, Hydraulic considerations in the development of tiankengs[J]. Cave and Karst Science-2005 Tiankeng Issue, 2005, Vol.32, No.2

参考文献